湿地应用型植物概述

任全进　徐　鹏　张　超　张　志

张　伟　吴　斌　王华进　于金平　著

东南大学出版社
SOUTHEAST UNIVERSITY PRESS

·南京·

内 容 提 要

　　本书收集了 200 余种湿地应用型植物，每一种湿地植物均配有其主要生长特性的图片 2~3 张，以便于读者辨识；全书还从植物的形态特征、生态习性、观赏价值、园林应用等方面进行简要的描述，本书图文并茂，内容浅显，通俗易懂，为读者的阅读和理解提供便利。

　　本书可供植物学、农学、园林学、水生植物研究、生产经营与造景等相关专业人员，以及植物爱好者选读和参考。

图书在版编目（CIP）数据

　　湿地应用型植物概述 / 任全进等著 . — 南京：东南大学出版社，2023.6

　　ISBN 978-7-5766-0787-1

　　Ⅰ.①湿…　Ⅱ.①任…　Ⅲ.①沼泽化地 – 植物 – 中国　Ⅳ.① Q948.52

　　中国国家版本馆 CIP 数据核字（2023）第 113556 号

责任编辑：陈　跃　　封面设计：顾晓阳　　责任印制：周荣虎

湿地应用型植物概述
Shidi Yingyongxing Zhiwu Gaishu

著　　　者：任全进等	
出版发行：东南大学出版社	
社　　　址：南京市四牌楼 2 号　邮　　编：210096　电　　话：025-83793330	
网　　　址：http://www.seupress.com	
电子邮件：press@seupress.com	
经　　　销：全国各地新华书店	
印　　　刷：合肥精艺印刷有限公司	
开　　　本：787 mm × 1092 mm　1/16	
印　　　张：13.75	
字　　　数：401（千字）	
版　　　次：2023 年 6 月第 1 版	
印　　　次：2023 年 6 月第 1 次印刷	
书　　　号：ISBN 978-7-5766-0787-1	
定　　　价：172.00 元	

《湿地应用型植物概述》编委会

主　　任： 任全进（江苏省中国科学院植物研究所）

副 主 任： 徐　鹏（江苏百绿园林集团有限公司）
　　　　　　张　超（江苏德景环境建设有限公司）

委　　员： 张　志（江苏佳品生态环境建设有限公司）
　　　　　　张　伟（江苏佳品生态环境建设有限公司）
　　　　　　吴　斌（江苏天禾生态环境建设有限公司）
　　　　　　王华进（苏州新中森泰建设集团有限公司）
　　　　　　于金平（江苏省中国科学院植物研究所）

主要著者： 任全进　徐　鹏　张　超　张　志
　　　　　　张　伟　吴　斌　王华进　于金平

其他著者： 许文雅　全大治　吕海波　吴作民

前　言

湿地中生长的植物统称湿地植物，包括湿生植物、挺水植物、浮叶植物、漂浮植物和沉水植物。此类植物生长在河流、湖泊、池塘、沟渠等水域附近，由于长期生长在潮湿的地方，耐水湿能力较强。

湿地植物是营造湿地景观和园林水景的重要素材，它们以优美的姿态、绚丽的色彩点缀水面、水缘、岸边，使水体生动活泼。例如杭州西湖的"柳浪闻莺""曲院风荷""茅乡水情"等景点就是以湿地植物造景而闻名世界的。

湿地植物与陆生植物相比，种类及数量虽然少得多，但同样能为人类提供更多丰富的食材、药材、纤维原料及牲畜饲料等，也可美化城乡环境、改善与保护水体环境、监测与控制大气污染，从而能更好地提高人们的身体健康水平。

近年来，随着国家生态保护战略方针的提出，我国各地进一步加强了对湿地植物种质资源与湿地资源的保护、湿地植被恢复与水体污染的综合治理，人们对湿地植物的认识和了解有了进一步提高。本书作者将多年来收集、调研与保护湿地植物资源的信息以及实际应用的科研成果加以总结，并奉献给读者。

本书着重对湿地应用型植物的形态特征、生态习性、园林应用等内容进行简要的概述。书中图文并茂，内容浅显，通俗易懂，能让人从中直观辨别出不同类型的湿地植物，以便达到真实了解其在湿地中应用的目的。望本书的出版能为广大园林绿化工作者和从事水生植物研究、生产、经营管理者，以及大专院校学生、广大植物爱好者提供优质的科普读物。

本书在编写过程中得到了南京园林学会、江苏省风景园林协会及江苏省苗木商会的大力支持，在此一并感谢。由于笔者水平有限，书中的错误和疏漏在所难免，敬请读者指正。

任全进

江苏省中国科学院植物研究所（南京中山植物园）

2023 年 4 月 3 日

目 录
Contents

北美枫香·················· 001

柽柳·················· 002

池杉·················· 003

垂柳·················· 004

东方杉·················· 005

风箱树·················· 006

枫杨·················· 007

构树·················· 008

拐枣·················· 009

海州常山·················· 010

旱柳·················· 011

河桦·················· 012

红花羊蹄甲·················· 013

红叶李·················· 014

江南桤木·················· 015

榔榆·················· 016

楝树·················· 017

龙爪柳·················· 018

落羽杉·················· 019

美国山核桃·················· 020

墨西哥落羽杉·················· 021

朴树·················· 022

榕树·················· 023

桑·················· 024

珊瑚朴·················· 025

湿地松·················· 026

柿·················· 027

鼠李·················· 028

水杉·················· 029

水松·················· 030

水紫树·················· 031

丝棉木·················· 032

梭罗树·················· 033

豆梨·················· 034

乌桕·················· 035

香樟·················· 036

盐肤木·················· 037

野鸦椿·················· 038

中山杉·················· 039

重阳木·················· 040

竹柳·················· 041

棕榈·················· 042

彩叶杞柳·················· 043

臭牡丹·················· 044

大花秋葵·················· 045

大叶醉鱼草·················· 046

棣棠·················· 047

海滨木槿·················· 048

夹竹桃························ 049

金丝桃························ 050

金钟花························ 051

蜡瓣花························ 052

木芙蓉························ 053

木槿·························· 054

杞柳·························· 055

槭葵·························· 056

水麻（长叶苎麻）··············· 057

水杨梅························ 058

云南黄馨······················ 059

紫穗槐························ 060

醉鱼草························ 061

白苞蒿························ 062

白及·························· 063

白接骨······················· 064

白穗花······················· 065

半边莲······················· 066

半枝莲······················· 067

薄荷·························· 068

荸荠·························· 069

闭鞘姜······················· 070

彩叶水芹······················ 071

菖蒲·························· 072

赤胫散······················· 073

春羽·························· 074

慈姑·························· 075

葱兰·························· 076

翠芦莉······················· 077

大藻·························· 078

大叶仙茅······················ 079

地笋·························· 080

灯心草······················· 081

峨参·························· 082

粉黛乱子草···················· 083

蜂斗菜······················· 084

凤眼莲······················· 085

海芋·························· 086

旱伞草······················· 087

荷花·························· 088

盒子草······················· 089

黑三棱······················· 090

红蓼·························· 091

红脉酸模······················ 092

狐尾藻······················· 093

蝴蝶花······················· 094

虎耳草······················· 095

虎杖·························· 096

花菖蒲······················· 097

花叶菖蒲······················ 098

花叶芦苇······················ 099

花叶芦竹······················ 100

花叶芒······················· 101

花叶美人蕉···················· 102

花叶蒲苇······················ 103

花叶水葱······················ 104

花叶艳山姜···················· 105

花叶鱼腥草···················· 106

花叶玉蝉花 · · · · · · · · · · · · · 107

华东唐松草 · · · · · · · · · · · · · 108

黄菖蒲 · · · · · · · · · · · · · 109

黄花水龙 · · · · · · · · · · · · · 110

黄水仙 · · · · · · · · · · · · · 111

活血丹 · · · · · · · · · · · · · 112

藿香 · · · · · · · · · · · · · 113

吉祥草 · · · · · · · · · · · · · 114

戟叶蓼 · · · · · · · · · · · · · 115

荚果蕨 · · · · · · · · · · · · · 116

渐尖毛蕨 · · · · · · · · · · · · · 117

姜花 · · · · · · · · · · · · · 118

茭白 · · · · · · · · · · · · · 119

接骨草 · · · · · · · · · · · · · 120

金疮小草 · · · · · · · · · · · · · 121

金叶石菖蒲 · · · · · · · · · · · · · 122

金鱼藻 · · · · · · · · · · · · · 123

九头狮子草 · · · · · · · · · · · · · 124

空心菜 · · · · · · · · · · · · · 125

苦草 · · · · · · · · · · · · · 126

宽叶韭 · · · · · · · · · · · · · 127

狼尾草 · · · · · · · · · · · · · 128

狼尾花 · · · · · · · · · · · · · 129

冷水花 · · · · · · · · · · · · · 130

林荫银莲花 · · · · · · · · · · · · · 131

留兰香 · · · · · · · · · · · · · 132

柳叶菜 · · · · · · · · · · · · · 133

龙牙草 · · · · · · · · · · · · · 134

芦苇 · · · · · · · · · · · · · 135

芦竹 · · · · · · · · · · · · · 136

落新妇 · · · · · · · · · · · · · 137

马蔺 · · · · · · · · · · · · · 138

马蹄莲 · · · · · · · · · · · · · 139

毛茛 · · · · · · · · · · · · · 140

美人蕉 · · · · · · · · · · · · · 141

墨西哥鼠尾草 · · · · · · · · · · · · · 142

木贼 · · · · · · · · · · · · · 143

糯米团 · · · · · · · · · · · · · 144

蟛蜞菊 · · · · · · · · · · · · · 145

匍匐筋骨草 · · · · · · · · · · · · · 146

蒲苇 · · · · · · · · · · · · · 147

千屈菜 · · · · · · · · · · · · · 148

芡实 · · · · · · · · · · · · · 149

三白草 · · · · · · · · · · · · · 150

蛇鞭菊 · · · · · · · · · · · · · 151

蛇莓 · · · · · · · · · · · · · 152

肾蕨 · · · · · · · · · · · · · 153

石菖蒲 · · · · · · · · · · · · · 154

石龙芮 · · · · · · · · · · · · · 155

水鳖 · · · · · · · · · · · · · 156

水葱 · · · · · · · · · · · · · 157

水鬼蕉 · · · · · · · · · · · · · 158

水禾 · · · · · · · · · · · · · 159

水烛 · · · · · · · · · · · · · 160

水芹 · · · · · · · · · · · · · 161

水生美人蕉 · · · · · · · · · · · · · 162

水罂粟 · · · · · · · · · · · · · 163

睡莲 · · · · · · · · · · · · · 164

随意草（假龙头）········· 165

梭鱼草················ 166

庭菖蒲················ 167

头花蓼················ 168

王莲················· 169

文殊兰················ 170

无毛紫露草············· 171

西伯利亚鸢尾············ 172

溪荪················· 173

细叶芒················ 174

显脉纹香茶菜············ 175

野天胡荽（香菇草）······· 176

小香蒲················ 177

荇菜················· 178

萱草················· 179

旋复花················ 180

雪片莲················ 181

血水草················ 182

鸭儿芹················ 183

鸭舌草················ 184

鸭跖草················ 185

羊蹄················· 186

野芋················· 187

野菱················· 188

野芝麻················ 189

薏苡················· 190

鱼腥草················ 191

雨久花················ 192

玉带草················ 193

元宝草················ 194

圆叶节节草············· 195

再力花················ 196

泽泻················· 197

泽珍珠菜··············· 198

窄叶泽泻··············· 199

獐牙菜················ 200

纸莎草················ 201

中华水韭·············· 202

皱叶狗尾草············· 203

紫萼················· 204

紫娇花················ 205

紫堇················· 206

紫叶车前·············· 207

紫叶鸭儿芹············· 208

紫芋················· 209

金缕梅科 枫香树属　北美枫香

liquidambar styraciflua L.

形态特征：落叶乔木。树高可达 15—30 米。叶互生，宽卵形，掌状 5—7 裂，叶长 10—18 厘米。花期 3—4 月。

生态习性：喜光照，在潮湿、排水良好的微酸性土壤中生长良好。适应性强，部分耐遮阴，根深抗风，萌发能力强。

观赏价值：北美枫香树冠广阔，气势雄伟，十月上旬秋叶色泽始红，渐五彩斑斓，艳丽醉人，为北美著名的园景树种和行道树种。

园林应用：被广泛种植在小区庭园、公园绿地和风景区等场所。孤植、丛植、群植均适宜，在干燥沙地中也能生长，适合作防护林和湿地生态林树种。

柽柳 柽柳科 柽柳属

Tamarix chinensis Lour.

形态特征： 落叶乔木或灌木，高 3—6 米。幼枝稠密细弱，常开展而下垂，红紫色或暗紫红色，有光泽；总状花序，花瓣 5 枚，粉红色。花期 4—9 月，果期 7—10 月。

生态习性： 阳性树种，耐高温和严寒；能耐烈日暴晒，不耐阴；耐干旱又耐水湿、耐盐碱。

观赏价值： 枝条细柔，随风摇摆，粉红色花序在枝条上翩翩起舞，姿态潇洒。

园林应用： 多栽培于水岸线带、溪畔、河岸等处。在公园内水体景观周边亦可孤植和群植，赏其婆娑之美。

杉科
落羽杉属　池杉
Taxodium ascendens

形态特征： 落叶乔木。主干挺直，树皮纵裂成长条片而脱落；树干基部膨大，通常有曲膝状的呼吸根；枝条向上形成狭窄的树冠，尖塔形，形状优美；叶钻形，在枝上呈螺旋状伸展；球果圆球形。花期 3 月，果期 10—11 月。

生态习性： 喜温暖，耐寒性强，耐水湿也极耐旱，喜深厚、疏松、湿润的酸性土壤。

观赏价值： 树形挺拔优美，枝叶秀丽，秋叶红艳，颇为壮观。

园林应用： 适生于水滨湿地，特别适于水边湿地成片栽植，孤植或丛植为园景树。可在河边和低洼水网地区种植，或在园林中作孤植、丛植、片植配置，亦可列植作道路的行道树。

垂柳 杨柳科 柳属

Salix babylonica L.

形态特征： 落叶乔木，高达 12—18 米。枝细，柔软下垂；叶狭披针形或线状披针形。花期 3—4 月，果期 4—5 月。多用插条繁殖。为优美的绿化树种。

生态习性： 阳性树种。耐水湿，也耐高温，能常年生长在浅水处，耐轻度盐碱。

观赏价值： 枝条柔软下垂，部分品种枝条呈金黄色，微风吹来，随风摇曳，潇洒飘逸，妩媚动人。古诗："碧玉妆成一树高，万条垂下绿丝绦"，即是它观赏特性的真实写照。

园林应用： 垂柳适于河岸、湖边绿化，自古就有"桃红柳绿"的经典园林配置。垂柳还多用作行道树、庭荫树来美化道路。

杉科
落羽杉属　**东方杉**

Taxodium mucronatum × Cryptomeria fortunei

形态特征：常绿或半常绿高大乔木。外形与母本墨西哥落羽杉相似，但有些现状表现为自身及父本柳杉明显的特征：树干基部圆整，无板根；树皮有明显的横裂；树干5—8米处常有分叉；未见雌球果，需依靠人工无性繁殖取得种源。树冠有圆锥形、椭圆球形、梨形和圆柱形等多种类型。

生态习性：东方杉具有耐盐碱、生长速度快、耐水湿的特点。

观赏价值：东方杉枝条韧性强，树形优美。

园林应用：适用于沿海防护林建设、盐碱地绿化、水湿地造林、江河堤岸林带建设、园林造景以及厂矿区的绿化等。

风箱树 茜草科
风箱树属

Cephalanthus tetrandrus (Roxb.) Ridsd. et Bakh. f.

形态特征：落叶灌木或小乔木，高 1—5 米。嫩枝近四棱柱形，被短柔毛；老枝圆柱形，褐色，无毛；叶对生或轮生，近革质，卵形至卵状披针形；头状花序顶生或腋生，花冠白色。花期春末夏初。

生态习性：喜光，耐半阴，喜湿。

观赏价值：树形清秀，花果美丽。

园林应用：可用于河道绿化、生态修复，片植或丛植于公园、绿地等处。

胡桃科 枫杨属 **枫杨**

Pterocarya stenoptera C. DC.

形态特征： 落叶乔木，高达 30 米，胸径达 1 米。叶为偶数或稀奇数羽状复叶。花期 4—5 月，果熟期 8—9 月。

生态习性： 幼树较耐阴，成年树喜光。生长迅速，耐贫瘠，耐水湿，可短期生长在浅水中。

观赏价值： 树冠开张，生长迅速，柔荑花序柔软下垂，随风舞动，如悬垂的风铃，叮当作响，煞是可爱。

园林应用： 在园林中的主要栽植形式是行道树和水边湿地配植。尤其是在自然风景区内滨水种植，充分展现其耐水湿的主要特点，颇显自然野趣。

构树 桑科 构属

Broussonetia papyrifera (L.) L'Hér. ex Vent.

形态特征：落叶乔木。叶螺旋状排列，广卵形至长椭圆状卵形，长 6—18 厘米，宽 5—9 厘米，不分裂或 3—5 裂。花雌雄异株，雄花序为柔荑花序，雌花序球形头状。聚花果直径 1.5—3 厘米，成熟时橙红色，肉质。花期 4—5 月，果期 6—7 月。

生态习性：喜光，适应性强，耐干旱瘠薄，也能生于水边，多生于石灰岩山地。

观赏价值：夏季果实橙红色，如红灯笼般缀满枝头。

园林应用：可在土壤贫瘠处和水边种植，常采用片植的形式来进行绿化。

形态特征：落叶乔木，高 10—25 米。叶互生，厚纸质至纸质。花期 5—7 月，果期 8—10 月。

生态习性：喜光树种，喜温暖湿润的气候。对土壤要求不严，适应性较强。

观赏价值：树体高大，叶色浓绿，树冠卵形，树形优美。

园林应用：可作为行道树，亦可植于街头绿地、小游园和公园等处。常采用对植、片植和群植的配置方式，从中赏其群体景观之美。

海州常山 唇形科
大青属

Clerodendrum trichotomum Thunb.

形态特征：灌木或小乔木。老枝灰白色，具皮孔，有淡黄色薄片状横隔。叶片纸质，卵形、卵状椭圆形或三角状卵形，顶端渐尖；伞房状聚伞花序顶生或腋生，通常二歧分枝；苞片叶状，椭圆形；花香，花冠白色或带粉红色；核果近球形。花果期6—11月。

生态习性：喜阳光，稍耐阴、耐旱，适应性好。

观赏价值：植株繁茂，花序大，花果美丽，为良好的观花、观果植物。

园林应用：可孤植，也可与其他树木配置于庭院、山坡、溪边、堤岸、悬崖、石隙及林下。

杨柳科 柳属 旱柳

Salix matsudana Koidz.

形态特征：落叶乔木，高达 18 米，胸径达 80 厘米。树冠广圆形；枝细长，直立或斜展。叶披针形。花序与叶同时开放。花期 4 月，果期 4—5 月。

生态习性：阳性树种，耐寒、耐旱、耐湿，在肥沃、排水良好的土壤中生长良好。

观赏价值：树体高大，枝条细长，树冠开张，滨湖临水的观赏效果最佳。

园林应用：可作为行道树来栽植，亦可植于公园绿地和池湖溪畔等处。常采用孤植、对植、列植和群植等多种配置方式，皆有较好的观赏效果。

河桦 桦木科 桦木属

Betula nigra

形态特征：落叶乔木。老树干的树皮红褐色，有深沟，裂成凹凸不平密而紧贴的鳞片；上部的树干和枝条平滑。叶楔形，深绿色，有光泽，具不规则的重锯齿，叶背的叶脉被毛。

生态习性：喜阳，稍耐阴，喜肥沃、潮湿的酸性土壤。

观赏价值：树皮斑驳，秋季变色，十分美观。

园林应用：是优良的观赏树及行道树。

豆科
羊蹄甲属 **红花羊蹄甲**

Bauhinia × blakeana Dunn

形态特征：常绿乔木。叶革质，圆形或阔心形，宽略超过长，顶端二裂，状如羊蹄；总状花序或有时分枝而呈圆锥花序状；花红色或红紫色，花大如掌。花期11月至翌年4月。

生态习性：喜温暖湿润、多雨的气候和阳光充足的环境，喜土层深厚、肥沃、排水良好的偏酸性砂质壤土。

观赏价值：花大，紫红色，盛开时繁英满树，叶终年常绿繁茂。

园林应用：植于庭院、公园及公共绿地等处。

红叶李 蔷薇科
李属

Prunus cerasifera 'Atropurpurea'

形态特征： 灌木或小乔木。多分枝，枝条细长，开展，暗灰色，有时有棘刺；小枝暗红色，无毛；冬芽卵圆形，先端急尖，有数枚覆瓦状排列鳞片，紫红色，有时鳞片边缘有稀疏缘毛；叶片椭圆形、卵形或倒卵形，花萼筒钟状。花期4月，果期8月。

生态习性： 喜阳光，喜温暖湿润的气候，有一定的抗旱能力。对土壤适应性强，不耐干旱，较耐水湿。

观赏价值： 叶常年紫红色，是著名观叶树种。

园林应用： 宜于建筑物前及园路旁或草坪角隅处栽植。

桦木科
桤木属 | 江南桤木

Alnus trabeculosa Hand.-Mazz.

形态特征： 乔木。树皮灰色或灰褐色，平滑；枝条暗灰褐色，无毛；小枝黄褐色或褐色；芽具柄。短枝和长枝上的叶大多数均为倒卵状矩圆形、倒披针状矩圆形或矩圆形；叶柄细瘦。果序矩圆形。

生态习性： 喜温暖气候和深厚湿润、肥沃的土壤，在干脊荒地、荒山地也能生长，且耐水湿。

观赏价值： 树姿优美，果实独特。

园林应用： 是护岸固堤、改良土壤和涵养水源的优良树种。

榔榆

榆科
榆属

Ulmus parvifolia

形态特征：落叶乔木，高达25米，胸径1米。大树之皮暗灰色，不规则深纵裂。翅果近圆形，花果期3—6月。

生态习性：阳性树种，耐旱、耐寒、耐瘠薄，不择土壤，适应性强。

观赏价值：树形高大，枝叶浓密，适应性强。

园林应用：可作为庭荫树、造林树种，也可在城市公园绿地和风景林中加以植栽，提高绿地的物种多样性。

棟科 棟属 棟树

Melia azedarach L.

形态特征： 落叶乔木，高达10余米。叶为2—3回奇数羽状复叶；圆锥花序，花瓣白中透紫，花芳香。花期4—5月，果期10—12月。

生态习性： 喜光，喜温暖湿润的气候，稍耐盐碱、耐寒。喜深厚肥沃的土壤。

观赏价值： 树体高大、主干通直。花淡紫色，果实经久不落。

园林应用： 适宜作庭荫树和行道树，是良好的城市及矿区绿化树种。可在草坪中孤植、丛植或配置于建筑物旁，也可种植于水边、山坡、墙角等处。

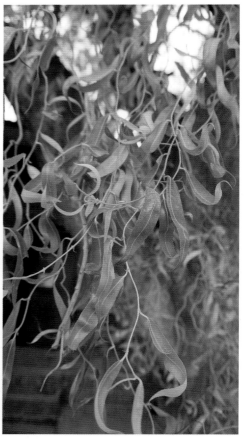

龙爪柳 杨柳科
柳属

Salix matsudana var. matsudana f. tortuosa (Vilm.) Rehd.

形态特征：乔木，高达 18 米，胸径达 80 厘米。大枝斜上，树冠广圆形；树皮暗灰黑色，有裂沟；枝卷曲。芽微有短柔毛。花序与叶同时开放，雄花序圆柱形。果序长达 2 或 2.5 厘米。花期 4 月，果期 4—5 月。

生态习性：喜光，较耐寒，耐干旱。喜水湿，喜透气性良好的砂壤土，也较耐盐碱土质。

观赏价值：树形美观，枝条柔软嫩绿，树冠发达。

园林应用：适于庭院、路旁、河岸、池畔、草坪等处绿化栽植。

杉科
落羽杉属　**落羽杉**

Taxodium distichum (L.) Rich.

形态特征： 落叶乔木，高达 30 米。树干尖削度大，干基通常膨大，常有屈膝状的呼吸根；枝条水平开展；叶条形，扁平；球果 10 月成熟。

生态习性： 喜光。耐水湿，能生于排水不良的沼泽地上。稍耐寒，不耐旱。

观赏价值： 树形尖塔形，常生长在水边或浅水中，膝状根常伸出水面，形成独特的水上森林景观。秋叶黄褐色，可作为秋季大型色叶景观林树种。

园林应用： 可植于水边湿地进行造景，片植最佳。作行道树则能美化道路景观，在秋季更易形成壮观的秋景。

美国山核桃　胡桃科
山核桃属

Carya illinoinensis (Wangenh.) K. Koch

形态特征：大乔木，在原产地高可达 50 米，胸径可达 2 米，本地栽培植株高达 20 余米，胸径达 50 厘米。奇数羽状复叶长 25—35 厘米。5 月开花，9—11 月果实成熟。

生态习性：阳性树种。喜深厚肥沃的土壤，耐轻度盐碱，耐寒，耐高温，耐一定水湿。

观赏价值：树体高大健美，主干通直，枝叶繁茂，树冠庞大，姿态雄伟壮丽。

园林应用：在园林中主要用于行道树种植，亦可在园林中孤植和群植。

杉科
落羽杉属　**墨西哥落羽杉**

Taxodium mucronatum Tenore

形态特征：半常绿或常绿乔木。在原产地高达50米，胸径可达4米。树干尖削度大，基部膨大；枝条水平开展，形成宽圆锥形树冠，大树的小枝微下垂。叶条形，扁平，排列紧密，向上逐渐变短。雄球花卵圆形，近无梗，组成圆锥状花序。球果卵圆形。

生态习性：喜光，喜温暖湿润的气候，耐水湿，耐寒，对盐碱土质的生长适应性更强。

观赏价值：树形高大美观，生长迅速，枝繁叶茂。

园林应用：是湿地优良的园林绿化和造林树种，可用于公园水边、河流沿岸等处的绿化造景。

朴树 榆科 朴属

Celtis sinensis Pers.

形态特征： 落叶乔木，高达 30 米。叶多为卵形或卵状椭圆形。果较小，球形，橙红色。花期 3—4 月，果期 9—10 月。

生态习性： 幼树稍耐阴，成年树喜光。喜深厚、肥沃的土壤，是石灰岩地区指示植物，耐轻度盐碱、耐高温，不耐水湿。

观赏价值： 冠形圆满宽阔，干形古拙，枝叶浓密，叶色深浓。

园林应用： 朴树目前的主要应用形式是以行道树来进行栽培，在公园和绿地亦可以孤植树的形式来进行栽植，以展现朴树高大古雅的观赏特点。在风景林中，可用片植和组团种植的形式来表现朴树的自然野趣。

桑科 榕属 **榕树**

Ficus microcarpa L. f.

形态特征： 大乔木。冠幅广展，老树常有锈褐色气生根，树皮深灰色；叶薄革质，狭椭圆形，表面深绿色，有光泽，全缘；榕果成对腋生或生于已落叶枝叶腋，成熟时呈黄或微红色，扁球形；雄花、雌花、瘿花同生于一榕果内；瘦果卵圆形。花期5—6月。

生态习性： 喜阳光充足、温暖湿润的气候，较耐水湿，不耐寒，对土壤要求不严，在微酸性和微碱性土壤中均能生长。

观赏价值： 树体高大，可观花、观果。

园林应用： 美化庭园，露地栽培。从树冠上垂挂下来的气生根能为园林环境创出热带雨林的自然景观，亦可作为孤植树作观赏之用。

桑 **桑科**
桑属

Morus alba L.

形态特征： 落叶乔木或灌木，高 3—10 米，胸径可达 50 厘米。叶卵形或广卵形，长 5—15 厘米，宽 5—12 厘米。花期 4—5 月，果期 5—8 月。

生态习性： 喜光，幼时稍耐阴，喜温暖湿润的气候，耐寒、耐干旱、耐水湿能力强。

观赏价值： 树势开张，叶大荫浓，夏季紫红色果实缀满枝头。

园林应用： 多植于公园墙边、临水处和管理粗放之处，作基础绿化之用。

榆科
朴属　**珊瑚朴** ▮

Celtis julianae Schneid.

形态特征： 落叶乔木，高达 30 米。树皮淡灰色至深灰色；叶厚纸质，宽卵形至尖卵状椭圆形；果单生叶腋，椭圆形至近球形，金黄色至橙黄色。花期 3—4 月，果期 9—10 月。

生态习性： 喜土层深厚肥沃、湿润的土壤，不耐盐碱，半耐寒，耐高温，忌水涝。

观赏价值： 主干高大通直，叶大果大，树冠广卵形，枝叶浓密。

园林应用： 可作行道树来栽植，亦有在绿地角隅群植和片植；还可孤植，作为庭荫树来美化庭院。

湿地松 松科
松属

Pinus elliottii Engelm.

形态特征：常绿乔木，枝条每年生长3—4轮。针叶2—3针一束并存，长18—25厘米。球果圆锥形或窄卵圆形，成熟后至第二年夏季脱落。

生态习性：生于低山丘陵地带，耐水湿，在低洼沼泽地边缘生长尤佳；根系能耐盐水倒灌。

观赏价值：常绿速生，可在海岸带种植，常在海边形成优美的海岸森林景观。

园林应用：可用于滨海公园绿化，采用丛植、群植，宜植于河岸池边，亦可用作庭荫树种。

柿科
柿属 **柿**

Diospyros kaki Thunb.

形态特征：落叶大乔木，通常高达 10—14米。树冠球形或长圆球形；花冠钟状，黄白色；果实黄色或橙黄色，有多种形状。花期5—6月，果期9—10月。

生态习性：阳性树种，较耐寒；喜肥沃、排水良好的土壤，耐旱、耐贫瘠。

观赏价值：树冠卵形、叶大荫浓。初夏黄花如微型挂钟，随风摇曳；秋季橙红色果实悬挂于枝条，呈一派丰收景象。

园林应用：主干端庄，多栽于庭院内、草坪边缘、岩石及建筑物前。当前，在小区的园林绿化当中栽植较多，具有较好的观赏效果。亦可植于街头绿地、小游园和公园等处，常采用对植、片植和群植的配置方式。

鼠李 鼠李科 鼠李属

Rhamnus davurica Pall.

形态特征：灌木或小乔木。小枝对生或近对生，褐色或红褐色；叶纸质，对生或近对生，或在短枝上簇生，宽椭圆形或卵圆形，稀倒披针状椭圆形；花单性，雌雄异株；核果球形，黑色。花期5—6月，果期7—10月。

生态习性：耐寒、耐干旱、耐瘠薄、耐水湿。

观赏价值：树形优美，果实累累。

园林应用：多植于庭院及公园等处。

杉科
水杉属　**水杉**

Metasequoia glyptostroboides Hu et Cheng

形态特征：乔木，高达 35 米，胸径达 2.5 米。树干基部常膨大，叶条形，球果下垂。花 期 2 月下旬，球果 11 月成熟。

生态习性：喜光，喜湿，不耐贫瘠和干旱。

观赏价值：树形高大，株型紧凑，呈圆锥状；枝叶密集，秋季整株叶片呈黄褐色，可作为色叶树种来进行利用。

园林应用：水杉树干高耸挺拔，树干通直，在园林中可孤植为庭园或草坪中的主景树。其树冠混整，呈塔状圆锥形，颇显大气壮观之美。水杉在园林中的栽植形式很多，片植、群植和列植均可，利用其喜湿的特性亦可在临水区域种植。

水松 杉科
水松属

Glyptostrobus pensilis (Staunt.) Koch

形态特征：高大乔木。树干有扭纹，树皮纵裂成不规则的长条片。枝条稀疏，大枝近平展。叶片多型：鳞形叶较厚或背腹隆起，有白色气孔点，冬季不脱落；条形叶两侧扁平，先端尖，基部渐窄，淡绿色。球果倒卵圆形。1—2月开花，秋后球果成熟。

生态习性：喜光树种，喜温暖湿润的气候及水湿的环境。耐水湿，不耐低温，对土壤的适应性较强。

观赏价值：树形优美，高大挺拔。

园林应用：常植于河边、堤旁，作固堤护岸和防风之用。

紫树科
蓝果树属　水紫树
Nyssa aquatica

形态特征：落叶大乔木。单叶互生，卵形，下表面被毛；叶柄长、多毛，叶正面亮绿，反面灰白。叶片秋季呈红紫色或黄色。3—4月开淡绿色小花。核果椭圆形。

生态习性：喜光，极耐水湿。

观赏价值：秋季叶色金黄。果实紫红色。

园林应用：可植于河道旁、湿地、水景区等处。

丝棉木

卫矛科
卫矛属

Euonymus maackii Rupr.

形态特征： 落叶或半常绿小乔木，高达 6 米。叶卵状椭圆形、卵圆形或窄椭圆形。蒴果倒圆心状，成熟后果皮粉红色。花期 5—6 月，果期 9—11 月。

生态习性： 阳性树种。幼树略耐阴，耐寒、耐旱，喜肥沃、排水良好的土壤。

观赏价值： 树冠卵圆形，蒴果成熟后呈粉红色，开裂后露出红色假种皮，如一个个小小的四角灯笼悬挂于枝头，经冬不落，极具观赏价值。

园林应用： 在园林中可作为景观道的行道树，亦可植于街头绿地、小游园和公园等处，常采用对植、片植、列植和群植的配置方式来观赏秋日红果。

梧桐科
梭罗属 **梭罗树**

Reevesia pubescens Mast.

形态特征：常绿乔木。幼枝披星状毛；叶薄革质，椭圆形，先端渐尖或尖，叶背密被星状毛，新叶暗红色；聚伞状伞房花序顶生，花瓣白色或淡红色。花期5—6月，果期10—11月。

生态习性：喜阳光充足和温暖的环境，耐半阴，耐湿。

观赏价值：白色密花盛开时，好似雪盖满树，幽香宜人。

园林应用：栽植于庭院、公园及居住区等处。

豆梨 蔷薇科 梨属

Pyrus calleryana Dcne.

形态特征： 落叶乔木，高5—8米。叶片宽卵形至卵形，长4—8厘米；伞形总状花序，具花6—12朵，白色；梨果球形，直径约1厘米，黑褐色。花期4月，果期8—9月。

生态习性： 喜光，稍耐阴，不耐寒，耐干旱、瘠薄。对土质要求不严，在碱性土壤中也能生长。

观赏价值： 春季满树白花，秋季硕果累累。

园林应用： 主要作为庭院和公园内的配景树来进行栽植，尤其可在墙边、沟边和岩石旁栽植，观赏效果更佳。

大戟科
乌桕属　**乌桕**

Triadica sebifera (L.) Small

形态特征：落叶乔木，高可达 15 米。叶互生，纸质，叶片菱形、菱状卵形。种子扁球形，外被白色假种皮。花期 4—5 月，果期 10—11 月。

生态习性：阳性树种。有较强耐盐能力，喜湿，能耐短期积水，亦耐干旱。对土壤的适应性较强。

观赏价值："乌桕赤于枫，园林二月中"，对于乌桕的秋色叶树种的特点做了很好的诠释。"偶看桕树梢头白，疑是江海小着花"亦是对乌桕果实经冬不落，如小花开放的观赏特点做的很好的描述。

园林应用：乌桕树冠整齐，常被作为行道树来进行栽种。在城市园林绿化中，乌桕可作为庭荫树或风景树栽植于广场、公园、庭院中，亦可成片栽植于自然风景林中，与林景形成美丽的秋色造景效果。

香樟 樟科
樟属

Cinnamomum camphora (L.) Presl

形态特征：常绿大乔木，高可达30米，直径可达3米，树冠广卵形。树皮黄褐色，有不规则的纵裂；叶互生，叶片具离基三出脉。花期4—5月，果期8—11月。

生态习性：喜温暖湿润的气候，幼树较耐荫蔽，成年树喜光。喜深厚肥沃的酸性土壤，不耐盐碱，不耐低温。

观赏价值："常绿不拘秋夏冬，问风不逊桂花香"，道出了香樟四季常绿，不输于桂花的观赏特点。樟树体高大雄伟，枝叶茂密，冠大荫浓，是较好的常绿观赏乔木树种。

园林应用：在园林中主要作为行道树来进行栽培利用；亦可在公园、小区、街头绿地和私家庭园中栽植，常采用孤植和群植的配置方式衬景。还可在风景林中栽植。

漆树科 盐肤木属 **盐肤木**

Rhus chinensis Mill.

形态特征：落叶小乔木或灌木，高2—10米。奇数羽状复叶，叶轴具宽的叶状翅，雄花序长30—40厘米。花期8—9月，果期10月。

生态习性：阳性树种，较耐寒，对气候及土壤的适应性很强。

观赏价值：秋季叶色变成红色或橙红色，尤其是经霜后，鲜艳夺目，为秋景增色。

园林应用：盐肤木适宜栽培在庭院内、草坪边缘、岩石及建筑物前。现代城市园林中多用于公园和自然风景林的绿化；古典园林中也时有栽种。本种亦可植于街头绿地、小游园和公园等处，常采用片植和群植的配置方式来营造观赏秋叶的景观。

野鸦椿 省沽油科 野鸦椿属

Euscaphis japonica (Thunb.) Dippel

形态特征：落叶小乔木或灌木。树皮灰褐色，具纵条纹，小枝及芽红紫色，枝叶揉碎后发出恶臭气味。叶对生，奇数羽状复叶，基部钝圆。圆锥花序顶生。花期5—6月，果期8—9月。

生态习性：耐阴、耐湿润，大树则偏阳喜光，耐瘠薄干燥、耐寒性较强。

观赏价值：具有观花、观叶和赏果的效果，观赏价值高。春夏之际，花黄白色，集生于枝顶，满树银花，十分美观。秋天，果布满枝头，果成熟后果荚开裂，果皮反卷，露出鲜红色的内果皮，黑色的种子粘挂在内果皮上，犹如满树红花上点缀着颗颗黑珍珠，十分艳丽，令人赏心悦目。

园林应用：可群植、丛植于草坪，也可用于庭园、公园等处布景。

杉科
落羽杉属
中山杉

Taxodium hybrid `zhongshanshan`

形态特征：落叶乔木。主干通直，高达20余米；叶片羽毛状，在小枝上螺旋状着生。花期4—5月，果期10—11月。

生态习性：耐盐碱、耐水湿，抗风性强，病虫害少，生长速度快。

观赏价值：树干挺直，树形美观，树叶绿色期长。

园林应用：可作为园林中行道树、风景林和庭荫树，其配置形式主要有列植、片植和孤植。

 大戟科
重阳木属

Bischofia polycarpa (Lévl.) Airy Shaw

形态特征：落叶乔木，高达 15 米，胸径 50 厘米。树冠伞形，大枝斜展，三出复叶。花期 4—5 月，果期 10—11 月。

生态习性：阳性树种。略耐寒，也耐干旱瘠薄，耐一定水湿。喜土层深厚肥沃、排水良好的土壤。

观赏价值：主干通直，冠大荫浓，呈巨伞状；秋季叶色呈绯红、橙红等色，艳丽夺目，是非常优良的秋色叶树种。

园林应用：主要作为行道树来进行栽植，也可作为溪边、堤岸和草坪周围的秋叶点缀的树种来栽植，极富观赏价值。

杨柳科
柳属　**竹柳**

Salix sp.

形态特征：落叶乔木，高可达 20 米以上。树皮幼时绿色，光滑，顶端优势明显；树冠塔形；单叶互生，叶披针形，叶片长达 15—22 cm，宽 3.5—6.2 cm。花果期不详。

生态习性：喜光，耐寒性强，耐盐碱，耐水淹。

观赏价值：主干直，树形高耸，叶大翠绿。

园林应用：滨水绿化，湖泊滩涂等地绿化之用。多采用片植和列植。

棕榈 棕榈科 棕榈属

Trachycarpus fortunei (Hook.) H. Wendl.

形态特征： 常绿乔木，高 3—10 米或更高，树干圆柱形。叶片呈 3/4 圆形或者近圆形，深裂成 30—50 片具皱褶的线状剑形；通常是雌雄异株，雄花序长约 40 厘米，雌花序长 80—90 厘米；果实阔肾形，成熟时由黄色变为淡蓝色，有白粉。花期 4 月，果期 12 月。

生态习性： 喜温暖湿润的气候，耐寒，较耐阴，成品极耐旱，耐轻盐碱。

观赏价值： 树势挺拔，叶色葱茏，颇具热带风情，适于四季观赏。

园林应用： 多植于庭院、路边及花坛之中，也适用于公园绿化。

杨柳科
柳属 **彩叶杞柳**

Salix integra `Hakuro Nishiki`

形态特征： 落叶灌木，树冠广展。树皮灰绿色。嫩枝粉红色，枝条呈放射状，排列紧密。芽卵形，尖，黄褐色，无毛；叶近对生或对生；花先叶开放。蒴果。花期5月，果期6月。

生态习性： 喜光，也略耐阴，耐寒，喜水湿，耐干旱，对土质要求不严。

观赏价值： 树形优美，春季观新叶，夏、秋季节叶色亦迷人。

园林应用： 是城乡绿化、美化环境的优良树种之一。

臭牡丹 马鞭草科 大青属

Clerodendrum bungei Steud.

形态特征：小灌木。叶宽卵形或卵形，花淡红色或红色、紫色，有臭味。核果，成熟后呈蓝紫色。花果期5—11月。

生态习性：喜阳光充足和湿润的环境，适应性强，耐寒耐旱，也较耐阴，宜在肥沃、疏松的腐叶土壤中生长。

观赏价值：叶色浓绿，顶生紧密头状红花，花朵优美，花期长，是一种非常美丽的园林花卉。

园林应用：适宜栽植于坡地、林下或树丛旁，也可作花境、地被植物。

锦葵科
木槿属 **大花秋葵**

Hibiscus grandiflorus Michx.

形态特征: 多年生草本,高 1—2 米,落叶灌木状。茎粗壮直立,基部半木质化,具有粗壮的肉质根;单叶互生,具有叶柄,叶大;花序为总状花序,朝开夕落;花大,单生于枝上部叶腋间,花瓣 5 枚,有白、粉、红、紫等颜色。花期 6—9 月。蒴果扁球形,种子褐色,果熟期 9—10 月。

生态习性: 喜欢阳光充足、温暖的环境,耐寒、耐旱、耐水湿、耐盐碱,对土质要求不严。

观赏价值: 花大,花色丰富。

园林应用: 宜丛植、列植于道路两旁或点缀于草坪,也可作为背景植材。

大叶醉鱼草

马钱科
醉鱼草属

Buddleja davidii Franch.

形态特征： 灌木，高可达 5 米。小枝外展而下弯，幼枝、叶片膜质至薄纸质，狭卵形、狭椭圆形至卵状披针形，稀宽卵形，边缘具细锯齿，上面深绿色，被疏星状短柔毛；总状或圆锥状聚伞花序，顶生，花冠淡紫色，后变黄白色至白色，喉部橙黄色，具芳香。5—10 月开花，9—12 月结果。

生态习性： 喜光，耐半阴，喜湿。

观赏价值： 叶茂花繁，花序大，花色丰富，花期长，有芳香。

园林应用： 可丛植于路旁、墙隅、草坪边缘、河道、湿地公园等处。

形态特征：落叶灌木，高 1—2 米。小枝绿色；叶互生，三角状卵形或卵圆形；单花，花瓣黄色，宽椭圆形，顶端下凹。花期 4—6 月，果期 6—8 月。

生态习性：喜温暖湿润的气候，喜半阴环境，喜肥沃疏松的土壤。

观赏价值：枝条绿色，扶疏下垂；花叶同放，花亮黄色，鲜艳夺目。

园林应用：多种植在园路拐角、假山石旁、园路边缘、草坪和树林边缘。多采用丛植的方式进行栽培，亦可以列植的方式种植在路旁、水边、陡坡等处。

海滨木槿 锦葵科 木槿属

Hibiscus hamabo Sieb. et Zucc.

形态特征：落叶灌木，高 2—4 米。叶片近圆形，厚纸质；花单生于枝端叶腋；花冠钟状，黄色。花期 7—10 月，果期 10—11 月。

生态习性：喜温暖湿润的气候，不耐干旱，耐水湿，耐盐碱，抗风能力强。

观赏价值：叶片圆形，枝叶繁茂，呈灰绿色；花大黄色，鲜亮，可观赏。

园林应用：在园林中主要种植在公园内、海滨边缘和街头绿地，多采用列植和群植的方式进行栽培。

夹竹桃科
夹竹桃属
夹竹桃

Nerium oleander L.

形态特征：常绿直立大灌木。枝条灰绿色，嫩枝条具棱，被微毛，老时毛脱落；叶3—4枚轮生，叶面深绿，叶背浅绿色，中脉在叶面陷入，叶柄扁平；聚伞花序顶生，花冠深红色或粉红色，花冠为单瓣呈5裂时，其花冠为漏斗状。花期几乎全年，夏秋为最盛；果期一般在冬春季。

生态习性：喜温暖湿润的气候，耐寒力不强。

观赏价值：叶片如柳似竹，红花灼灼，胜似桃花，花冠粉红至深红或白色，有特殊香气。

园林应用：多栽植于公园、风景区、道路旁或河旁、湖旁。

金丝桃 藤黄科 金丝桃属

Hypericum monogynum L.

形态特征：常绿灌木。茎红色，丛状；叶对生，叶片倒披针形或椭圆形至长圆形；疏散的伞房花序近顶生，花瓣金黄色至柠檬黄色。花期5—8月，果期8—9月。

生态习性：喜光、耐半阴，喜温暖湿润的气候，不耐干旱。

观赏价值：叶片秀美，花冠金黄色至柠檬黄色，雄蕊金黄色，细长如金丝，绚丽夺目。

园林应用：可种植于各类园林绿地中，宜栽植于庭院假山旁、园路旁、疏林边缘，也可点缀草坪。多采用丛植和列植的方式进行栽培。

木犀科
连翘属 **金钟花**

Forsythia viridissima Lindl.

形态特征： 落叶灌木。枝棕褐色或红棕色，直立，小枝绿色或黄绿色，呈四棱形；叶片长椭圆形至披针形，或倒卵状长椭圆形。花1—3朵着生于叶腋，先于叶开放；果卵形或宽卵形，具皮孔。花期3—4月，果期8—11月。

生态习性： 喜光照，又耐半阴；还耐热、耐寒、耐旱、耐湿。

观赏价值： 先花后叶，满枝金黄，艳丽可爱。

园林应用： 宜植于草坪、角隅、岩石假山下，或在路边、河道边坡及水景周围等处。

蜡瓣花 金缕梅科
蜡瓣花属

Corylopsis sinensis Hemsl.

形态特征：落叶灌木。嫩枝有柔毛，老枝秃净，有皮孔；叶薄革质，叶片倒卵圆形或倒卵形，有时为长倒卵形，先端急短尖或略钝，边缘有锯齿。总状花序，花黄色。花期3—4月。蒴果近圆球形。

生态习性：喜阳光，也耐阴，较耐寒，喜温暖湿润的气候。

观赏价值：先叶开花，花序累累下垂，光泽如蜜蜡，色黄而具芳香，枝叶繁茂，清丽宜人。

园林应用：多栽植于公园、居住区及庭院。

形态特征：落叶灌木或小乔木，高2—5米。叶宽卵形、圆卵形或心形，常5—7裂；花单生，花初开时白色或淡红色，后变深红色，直径约8厘米。花期8—10月。

生态习性：喜光，稍耐阴，不耐寒。喜温暖湿润的气候和深厚肥沃的土壤。

观赏价值：叶片大型，秋季开花，花大色艳，有多种花色。

园林应用：在园林中多植于街头绿地、居民小区和公园内，常采用对植、列植和群植的方式进行园林绿化。

木槿 锦葵科
木槿属

Hibiscus syriacus L.

形态特征：落叶灌木。小枝密被黄色星状绒毛；叶菱形至三角状卵形，先端钝，基部楔形；花单生于枝端叶腋间，花萼钟形；花朵色彩有纯白、淡粉红、淡紫、紫红等，花形呈钟状，有单瓣、复瓣、重瓣几种。蒴果卵圆形。花期 7—10 月。

生态习性：喜温暖湿润的气候，耐热又耐寒，好水湿而又耐旱。

观赏价值：花色丰富，株型优美。

园林应用：可作花篱、绿篱，点缀庭园，也可栽植于河道驳岸边坡等处。

杨柳科 柳属 杞柳

Salix integra Thunb.

形态特征：灌木。树皮灰绿色。小枝淡黄色或淡红色，无毛，有光泽；芽卵形，尖，黄褐色，无毛；叶近对生或对生，萌枝叶有时3叶轮生，椭圆状长圆形，叶柄短或近无柄而抱茎。花先叶开放。花期5月，果期6月。

生态习性：喜光照、喜肥水，抗涝。

观赏价值：枝条柔软，树姿优美。

园林应用：可植于河岸、沟坡、路坡、湿地等处。

槭葵 锦葵科 木槿属

Hibiscus coccineus (Medicus) Walt.

形态特征：落叶灌木。茎直立丛生，半木质化。全株光滑，披白粉；花大，单生于上部枝的叶腋，深红色。花期 6—8 月。

生态习性：喜温暖、喜阳，具有一定的耐寒性。

观赏价值：植株高大，花大而色艳。

园林应用：宜丛植于草坪四周及林缘、路边，也可作为花境的背景植材。

荨麻科 苎麻属 水麻（长叶苎麻）

Boehmeria penduliflora Wedd.ex Long

形态特征：落叶灌木。小枝多少密被短伏毛，近方形，有浅纵沟；叶对生，叶片厚纸质，披针形或条状披针形，先端长渐尖或呈尾状。穗状花序通常雌雄异株。花果期5—10月。

生态习性：喜光，耐阴，喜湿润的环境。

观赏价值：株型优美。

园林应用：适植于公园、驳岸边坡等处。

水杨梅 茜草科 水团花属

Adina rubella Hance

形态特征：落叶小灌木。叶对生，近无柄，叶片纸质，卵状披针形或卵状椭圆形，全缘，顶端渐尖或短尖，基部阔楔形或近圆形。头状花序，通常单生，顶生或兼有腋生，花冠裂片三角状，紫红色。花期7—8月，果熟期9—10月。

生态习性：喜光，喜水湿，较耐寒，畏炎热，不耐旱。

观赏价值：树形清秀，花果美丽。

园林应用：可用于河道绿化和生态恢复建设，宜片植或丛植于公园、绿地等处。

木犀科
素馨属　**云南黄馨**

Jasminum mesnyi Hance

形态特征：常绿直立亚灌木。叶对生，三出复叶或小枝基部具单叶；花通常单生于叶腋，稀双生或单生于小枝顶端，花萼钟状。花期11月至翌年8月，果期3—5月。

生态习性：耐阴，全日照或半日照均可，喜温暖湿润的气候，略耐寒。

观赏价值：枝叶浓绿，小枝悬垂，花色金黄，是传统观赏花木。

园林应用：适合在花架绿篱或坡地高地悬垂栽培。在古典园林中，通常栽培在假山上，赏其悬垂枝条和盛开的金黄色花朵，别具雅趣。

紫穗槐 豆科
紫穗槐属

Amorpha fruticosa L.

形态特征：落叶灌木。枝褐色，被柔毛，后变无毛；叶互生，基部有线形托叶；穗状花序密被短柔毛，花紫色；荚果下垂，微弯曲。花果期5—10月。

生态习性：耐寒，耐旱，耐水淹。

观赏价值：枝条柔韧，树形美观。

园林应用：可在河道及生态修复工程中植培。

马钱科
醉鱼草属 **醉鱼草**

Buddleja lindleyana Fortune

形态特征：落叶灌木，高 1—3 米。叶对生；穗状聚伞花序顶生，长 4—40 厘米；花紫色，芳香。花期 4—10 月，果期 8 月至翌年 4 月。

生态习性：喜温暖湿润的气候和深厚肥沃的土壤，不耐干旱、耐水湿，适应性强。

观赏价值：枝条常下垂，夏季开花，花期长，花序常倒垂，婀娜多姿。

园林应用：多栽培在溪流湖畔边缘和湿润的陡坡边缘。

白苞蒿 菊科 蒿属

Artemisia lactiflora Wall. ex DC.

形态特征： 多年生草本。叶薄纸质或纸质，基生叶与茎下部叶宽卵形或长卵形，花期叶多凋谢；中部叶卵圆形或长卵形。裂片或小裂片形状变化大，卵形、长卵形、倒卵形或椭圆形；基部与侧边中部裂片最大，边缘常有细裂齿或锯齿或近全缘。头状花序长圆形，花冠管状。花果期8—11月。

生态习性： 强光照与半阴环境都能适应；耐旱抗涝，对土壤适应性较强。

观赏价值： 叶形奇特，株型优美。

园林应用： 适植于阴湿环境及林缘等处。

兰科
白及属 **白及**

Bletilla striata (thunb.ex Murray) Rchb.f.

形态特征： 多年生草本。植株高50厘米左右；叶4—6枚，狭长圆形或披针形；花序具3—10朵花，花大，紫红色或粉红色；花期4—5月，果期7—9月。

生态习性： 喜温暖、阴湿的环境。稍耐寒，在长江中下游地区能露地栽培。耐阴性强，忌强光直射。喜排水良好、含腐殖质多的砂质壤土。

观赏价值： 植株小巧清秀，花色紫红，艳丽脱俗，观赏价值很高。

园林应用： 多用于布置花坛，可常丛植于疏林下或林缘隙地，宜在花径、山石旁丛植和盆栽室内观赏，亦可点缀于较为荫蔽的花台、花境或庭院一角。

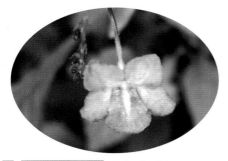

白接骨 爵床科 白接骨属

Asystasiella neesiana (Wall.) Lindau

形态特征：草本，具白色，富黏液。根状茎竹节形，茎略呈四棱形。叶卵形至椭圆状矩圆形，顶端尖至渐尖，边缘微波状至具浅齿，基部下延成柄；叶片纸质，两面凸起，疏被微毛。总状花序或基部有分枝，花单生或对生；花冠淡紫红色，漏斗状。

生态习性：喜阴湿环境。

观赏价值：花奇特优雅。

园林应用：可植于河岸边坡及水景周围。

百合科
白穗花属 **白穗花**

Speirantha gardenii (Hook.) Baill.

形态特征：根状茎圆柱形。叶4—8枚，倒披针形、披针形或长椭圆形，先端渐尖，下部渐狭成柄，柄基部扩大成膜质鞘；花葶高13—20厘米，花序总状。花期5—6月，果期7月。

生态习性：喜温凉湿润的气候，耐寒性较强，耐阴亦喜光、喜湿润。

观赏价值：株型优美，花雅致。

园林应用：适植于山坡、岩石旁、阶旁、沟边、滩涂地等处。

半边莲 桔梗科
半边莲属

Lobelia chinensis Lour.

形态特征：多年生草本。茎细弱，匍匐，节上生根，分枝直立。叶互生，无柄或近无柄，椭圆状披针形至条形。花通常 1 朵，生于分枝的上部叶腋；花梗细，花冠粉红色或白色。花果期 5—10 月。

生态习性：喜潮湿环境，稍耐轻湿干旱，耐寒。

观赏价值：花独特，优雅，十分别致美观。

园林应用：适植于湿地、水景坡地等处。

唇形科
黄芩属 半枝莲

Scutellaria barbata

形态特征：多年生草本。高 12—35 厘米，茎直立；花单生于茎或分枝上部叶腋内，花冠紫蓝色。花果期 4—7 月。

生态习性：喜温暖湿润的气候和半阴的环境。对土壤要求不严。

观赏价值：丛生密集，花繁艳丽，花期长。

园林应用：可植于草坡、路边和岩石旁，亦可作为花境。

薄荷 唇形科
薄荷属

Mentha haplocalyx Briq.

形态特征：多年生草本。茎直立，高30—100厘米，茎四棱；叶片长圆状披针形，稀长圆形；轮伞花序腋生，花色白、淡紫和紫红。花果期8—11月。

生态习性：喜光也耐半阴，耐寒，耐湿。多生长在山谷、溪边草丛或水旁湿处。

观赏价值：芳香植物，观叶、观花，花冠青紫色、红色或白色，是很好的芳香观赏地被植物。

园林应用：布置于花境、庭院或片植于林缘，多植于芳香花园中。

莎草科
荸荠属 **荸荠**

Eleocharis dulcis (Burm. f.) Trin.

形态特征：秆多数，丛生，笔直，细长，圆柱状，灰绿色，光滑无毛，有横隔膜，干后秆的表面现有节，兼有许多纵条纹；小坚果倒卵形。花果期5—10月。

生态习性：喜光，喜温暖湿润，喜水。

观赏价值：株型优美，叶形雅致。

园林应用：可作为庭院水景或缸栽观赏。

闭鞘姜

姜科
闭鞘姜属

Costus speciosus (Koen.) Smith

形态特征：多年生草本。基部近木质，顶部常分枝，旋卷；叶片长圆形或披针形，顶端渐尖或尾状渐尖，基部近圆形，叶背密被绢毛；穗状花序顶生，椭圆形或卵形。花期7—9月，果期9—11月。

生态习性：喜温暖湿润的气候，喜阴湿。

观赏价值：郁郁葱葱，开花后亭亭玉立，极为雅致。

园林应用：常植栽于庭院小区、公园、花坛等处。

伞形科
水芹属 **彩叶水芹**

Oenanthe javanica ‘Flamingo’

形态特征： 多年生草本。茎直立或基部匍匐；基生叶有柄，基部有叶鞘，叶片轮廓三角形，边缘有红色、白色等；复伞形花序顶生。花期 6—7 月，果期 8—9 月。

生态习性： 喜光，耐水湿，喜温暖湿润的气候。

观赏价值： 叶新奇特，色彩优美。

园林应用： 适植于湿地水景及驳岸边坡。

菖蒲 天南星科 菖蒲属

Acorus calamus L.

形态特征： 多年生草本。根茎横走；叶基生，基部两侧膜质叶鞘宽叶状；佛焰苞剑状线形，肉穗花序斜向上或近直立；浆果长圆形，红色。花期6—9月。

生态习性： 喜水湿，喜冷凉湿润的气候，耐寒，忌干旱。

观赏价值： 植株高大，叶丛翠绿，挺直修长，端庄秀丽，植株具香气。

园林应用： 用于水景岸边的水体绿化。亦可丛植于湖、塘、溪流岸边或点缀于公园水景和临水假山一隅，具清幽雅趣。

Polygonum runcinatum var. *sinense* Hemsl.

形态特征：多年生草本。丛生，春季幼株枝条、叶柄及叶中脉均为紫红色，夏季成熟叶片绿色，中央有锈红色晕斑。叶互生，卵状三角形。头状花序，常数个生于茎顶，上面开粉红色或白色小花。花期为7—8月。

生态习性：喜阴湿，耐寒、耐半阴，忌暴晒。对土壤要求不严。

观赏价值：春季萌发时，叶和叶脉为暗紫色，上有白色斑纹，令人赏心悦目。

园林应用：可作花境用材，茎、叶色独特，抗逆性强。常用作大面积种植绿化，或片植于林缘、路边、疏林下。

春羽 天南星科
喜林芋属

Philodendron selloum K.koch

形态特征: 多年生常绿草本。茎长约150厘米,有气生根。叶片羽状分裂,有平行而显著的脉纹。花单性,佛焰苞肉质,白色或黄色;肉穗花序直立,稍短于佛焰苞。

生态习性: 喜温暖、潮湿的环境。

观赏价值: 叶形奇特,株型优美,是极好的观叶植物。

园林应用: 可作水景,栽于溪边及林荫下。

泽泻科 慈姑属 慈姑

Sagittaria trifolia L.

形态特征：多年生水生或沼生草本。根状茎横走，挺水叶箭形，叶片长短、宽窄变异很大，顶裂片与侧裂片之间缢缩，叶柄基部渐宽；花序总状或圆锥状，具花多轮，苞片基部多少合生，先端尖花单性，花被片反折，花梗短粗，雄花多轮。种子褐色。5—10月开花结果。

生态习性：喜温暖湿润的气候及充足的阳光。

观赏价值：叶形奇特，株型优美。

园林应用：多植于湖泊、湿地、水景等处。

葱兰 石蒜科 葱莲属

Zephyranthes candida

形态特征：多年生草本。鳞茎卵形，直径约2.5厘米；叶狭线形，肥厚，亮绿色；花单生于花茎顶端，花白色。花期7—9月。

生态习性：喜肥沃土壤，喜阳光充足，耐半阴与低湿，适生于肥沃、带有黏性而排水良好的土壤。较耐寒，在长江流域可保持常绿。

观赏价值：株丛低矮常绿，花期长，白花高出叶端，在丛丛绿叶烘托下异常美丽。

园林应用：适植于林下、林地边缘，也可作花坛、花径的镶边材料。在草坪中成丛散植，可组成缀花草坪，也可盆栽供室内观赏。

爵床科
芦莉草属 **翠芦莉**

Ruellia simplex C.Wright

形态特征：茎直立，叶柄、花序轴和花梗均无毛，等距地生叶，上部分枝。茎下部叶有稍长柄，叶片五角形；总状花序数个组成圆锥花序，花梗斜上展。7—8月开花。

生态习性：喜高温，耐酷暑，耐水湿。不择土壤，耐贫瘠力强，耐轻度盐碱土壤。

观赏价值：叶形奇丽，花色优雅，十分美丽。

园林应用：用于营造水景，布置花境、花坛等。

大藻 天南星科
大藻属

Pistia stratiotes L.

形态特征：水生飘浮草本。叶簇生成莲座状，叶片常因发育阶段不同而形异：倒三角形、倒卵形、扇形，以至倒卵状长楔形，先端截头状或浑圆，基部厚，二面被毛，基部尤为浓密；叶脉扇状伸展，背面明显隆起成褶皱状。佛焰苞白色，外被茸毛。花期5—11月。

生态习性：喜高温高湿的气候，耐寒性差。

观赏价值：叶形奇特，株型优美。

园林应用：常在公园、庭院、湿地及水景中的固定水面应用。

形态特征：多年生草本。叶片长圆状披针形或近长圆形，纸质，全缘。总状花序强烈缩短成头状，球形或近卵形，俯垂；苞片卵状披针形至披针形；花黄色。花期5—6月，果期8—9月。

生态习性：生于林下或阴湿处，喜温暖阴湿的环境。

观赏价值：株型美观，叶色翠绿。

园林应用：适植于庭院、公园、林下等处。

地笋 唇形科 地笋属

Lycopus lucidus Turcz.

形态特征：多年生草本。叶具极短柄或近无柄，长圆状披针形，两面或上面具光泽，亮绿色，两面均无毛；轮伞花序无梗，轮廓圆球形。花期6—9月，果期8—11月。

生态习性：喜温暖湿润的气候，耐寒，不怕水涝。

观赏价值：叶碧绿，株型优美。

园林应用：多植于湿地，可营造水景。

灯心草科
灯心草属 灯心草

Juncus effusus L.

形态特征：多年生草本，高 27—91 厘米。茎丛生，直立，圆柱形。叶全部为低出叶，呈鞘状或鳞片状；叶片退化为刺芒状；聚伞花序假侧生。花期 4—7 月，果期 6—9 月。

生态习性：耐寒、喜湿、忌干旱。

观赏价值：茎丛生，纤细娇俏，小型花序生于茎上部，小巧别致。

园林应用：常植于园林水景边缘、湿地边缘，亦可作为盆栽水培观赏。

峨参 伞形科
峨参属

Anthriscus sylvestris (L.) Hoffm. Gen.

形态特征： 二年生或多年生草本。茎较粗壮，多分枝；基生叶有长柄，叶片轮廓呈卵形，羽状全裂或深裂，有粗锯齿，背面疏生柔毛；复伞形花序；小总苞片卵形至披针形，花白色，通常带绿或黄色；果实长卵形至线状长圆形，4—5月开花结果。

生态习性： 喜湿、耐旱、耐阴、更耐寒冷。

观赏价值： 叶形奇特，株型优美。

园林应用： 可植于湿地、水景边坡等处。

禾本科
乱子草属　**粉黛乱子草**

Muhlenbergia capillaris (Lam.) Trin

形态特征： 多年生暖季型草本。顶端呈拱形，绿色叶片纤细；顶生云雾状粉色花絮，花期9—11月。

生态习性： 喜光照，耐半阴、耐水湿、耐干旱、耐盐碱。

观赏价值： 粉紫色花穗如发丝从基部长出，远看如红色云雾，十分壮观。

园林应用： 适植于公园、游园、驳岸两侧等处。

蜂斗菜

菊科
蜂斗菜属

Petasites japonicus

形态特征：多年生草本。叶基生，有长叶柄，初时表面有毛，叶片心形或肾形；花茎从根部抽出，头状花序排列呈伞房状，黄白色。花果期4—5月。

生态习性：极耐阴，在山坡林下、溪谷旁潮湿草丛中生长良好。

观赏价值：叶片硕大，白色花序素雅清新。

园林应用：作花境素材；极耐阴，可种植于林下作地被。

雨久花科
凤眼蓝属 凤眼莲

Eichhornia crassipes (Mart.) Solms

形态特征：浮水草本。茎极短，匍匐枝淡绿色。叶在基部丛生，莲座状排列；叶片圆形，表面深绿色；叶柄长短不等，内有许多多边形柱状细胞组成的气室。花葶多棱；穗状花序通常具9—12朵花；花瓣紫蓝色，四周淡紫红色，中间蓝色，在蓝色的中央有1黄色圆斑。蒴果卵形。花期7—10月，果期8—11月。

生态习性：喜欢温暖湿润、阳光充足的环境，喜水，适应性很强。

观赏价值：株型优美，花美丽。

园林应用：在固定水面应用。

海芋 天南星科
海芋属

Alocasia macrorrhiza (L.) Schott

形态特征： 大型常绿草本。具匍匐根茎，有直立的地上茎，基部长出不定芽条。叶多数，叶柄绿色或污紫色，螺状排列，粗厚。肉穗花序芳香，雌花序白色，不育雄花序绿白色，能育雄花序淡黄色。浆果红色。花期四季，但在密阴的林下常不开花。

生态习性： 喜高温、潮湿，耐阴。

观赏价值： 株型挺拔，叶色优美。

园林应用： 适植于湿地、溪流等处。

莎草科
莎草属　**旱伞草**

Cyperus involucratus Rottboll

形态特征： 多年生草本。根状茎短，粗大，叶片伞状，叶鞘棕色，叶状苞片苞片 20 枚，近相等，较花序长，向四周展开，平展；多次复出长侧枝聚伞花序具多数第一次辐射枝，小穗密集，椭圆形或长圆状披针形。花两性，8—11 月开花结果。

生态习性： 喜温暖、阴湿及通风良好的环境。

观赏价值： 植株茂密，丛生，茎秆秀雅挺拔，叶伞状，奇特优美。

园林应用： 可植于溪流岸边、水景等处。

荷花 莲科
莲属

Nelumbo nucifera Gaertn.

形态特征：多年生水生挺水草本。根状茎横生，肥厚，节间膨大；叶圆形，盾状；花单生于花梗顶端，具芳香；花色有白、粉、深红、淡紫色、黄色或间色。花期6—9月，果期8—10月。

生态习性：喜生长在相对稳定的平静浅水、湖沼泽地和池塘等处，耐寒。

观赏价值："接天莲叶无穷碧，映日荷花别样红"道出了莲的观赏特性和应用范例。古代更以"出淤泥而不染"形容其高贵品质。叶大如碧盘，花姿清雅，是我国传统十大名花之一。

园林应用：栽植在水边、池塘中、溪流两侧均可以营造水景。也可盆栽于大的瓷碗中，供案头观赏。

葫芦科
盒子草属
盒子草

Actinostemma tenerum Griff.

形态特征：柔弱草本。枝纤细，叶柄细，被短柔毛。叶形变异大，叶片心状戟形、心状狭卵形或披针状三角形，裂片顶端狭三角形，先端稍钝或渐尖，顶端有小尖头。雄花总状，有时圆锥状；雌花单生，双生或雌雄同序。果实绿色，卵形、阔卵形或长圆状椭圆形。花期7—9月，果期9—11月。

生态习性：喜湿，多生长在水边草丛中。

观赏价值：叶形及果实奇特。

园林应用：适植于湿地、水边等处。

黑三棱 黑三棱科
黑三棱属

Sparganium stoloniferum (Graebn.) Buch.-Ham. ex Juz.

形态特征：多年生水生或沼生草本。茎直立，粗壮，挺水；叶片具中脉，上部扁平，下部背面呈龙骨状凸起，或呈三棱形；圆锥花序。花果期5—10月。

生态习性：喜温暖湿润的气候，喜潮湿的环境。

观赏价值：叶碧绿，株型优美。

园林应用：可栽植于湿地、水景等处。

形态特征：一年生草本。茎粗壮直立，叶片宽卵形、宽椭圆形或卵状披针形，顶端渐尖，基部圆形或近心形，两面密生短柔毛，叶脉上密生长柔毛，叶柄密生长柔毛。托叶鞘筒状，膜质；总状花序呈穗状，顶生或腋生，花紧密，微下垂；苞片呈宽漏斗状，草质，绿色；花淡红色或白色。6—9月开花，8—10月结果。

生态习性：喜温暖湿润的环境，光照要充足，喜水又耐旱。

观赏价值：茎、叶、花均优美，可供观赏。

园林应用：可植于庭院、墙根、水沟旁，点缀人们不涉足的角落。

红脉酸模 蓼科 酸模属

Rumex sanguineus L.

形态特征：多年生常绿草本。叶片倒卵状披针形，基部圆形或心形，叶缘波状，叶脉血红色；圆锥花序顶生，雌雄同株。花期6—8月。

生态习性：喜阳，亦耐半阴，较耐寒，耐水湿，喜肥沃及排水良好的土壤。

观赏价值：为彩叶地被植物，十分美观。

园林应用：适用于布置花境边缘或盆栽观赏。

小二仙草科
狐尾藻属 | 狐尾藻

Myriophyllum verticillatum L.

形态特征： 多年生粗壮沉水草本。根状茎发达，在水底泥中蔓延，节部生根。茎圆柱形，多分枝。水上叶互生，披针形，较强壮，鲜绿色，裂片较宽。花单性，雌雄同株或杂性、单生于水上叶腋内，花无柄，比叶片短。雌花生于水上茎下部叶腋中；雄花花药椭圆形，淡黄色，花丝丝状，开花后伸出花冠外。

生态习性： 喜温暖，较耐低温。

观赏价值： 叶形奇特，株型优雅。

园林应用： 适植于湿地、水景、室内水箱等处。

蝴蝶花 鸢尾科
鸢尾属

Iris japonica Thunb.

形态特征：多年生草本。叶基生，暗绿色，有光泽；花茎直立，花淡蓝色或蓝紫色。花期
3—4 月，果期 5—6 月。
生态习性：喜光，也较耐阴，在半阴环境下可正常生长。喜温凉气候，耐寒性强。
观赏价值：叶色优美，花色淡蓝，花姿潇洒飘逸。
园林应用：宜林下种植，亦可栽植于花群、花丛以及花境等处。

虎耳草科
虎耳草属 虎耳草

Saxifraga stolonifera Curt.

形态特征：多年生草本。茎被长腺毛，具1—4枚苞片状叶；叶片近心形、肾形至扁圆形，腹面绿色，背面通常红紫色，有斑点；聚伞花序圆锥状，花两侧对称，花色白带紫色。花果期4—11月。

生态习性：喜阴凉潮湿，喜肥沃、湿润的土壤，在茂密多湿的林下和阴凉潮湿的坎壁上生长较好。

观赏价值：株型矮小，叶片奇特美丽。小花十分可爱，当花朵盛开，微风吹拂着花朵时，就像一群群的小蝴蝶在随风飞舞。

园林应用：可作花境材料，是林下难得的耐阴地被，也可作为假山水石的最佳装饰。

虎杖 蓼科
虎杖属

Reynoutria japonica Houtt.

形态特征：多年生草本。根状茎粗壮，茎直立，高可达2米，空心，叶宽卵形或卵状椭圆形，近革质，两面无毛，顶端渐尖，基部宽楔形、截形或近圆形，托叶鞘膜质，圆锥花序，花单性，雌雄异株，腋生；苞片漏斗状，花被淡绿色。瘦果卵形，有光泽，呈黑褐色。8—9月开花，9—10月结果。

生态习性：喜温暖湿润的气候，对土壤的要求不严，耐旱力、耐寒力较强。

观赏价值：叶形奇特，姿态优美。

园林应用：常培植于驳岸边坡、水景旁等处。

鸢尾科
鸢尾属 **花菖蒲**

Iris ensata var. hortensis

形态特征：多年生草本。叶基生，线形，叶中脉凸起；花大，直径可达 15 厘米；花色丰富。花期 6—7 月，果期 8—9 月。

生态习性：耐寒，喜水湿，春季萌发较早。在肥沃、湿润的土壤条件下生长良好，自然环境下多生于沼泽地或河岸水湿地。

观赏价值：花大而美丽，色彩斑斓，叶片青翠似剑，观赏价值极高。

园林应用：园林中以丛栽、盆栽的形式来布置花坛，可栽植于浅水区、河畔池旁，也可用于布置专类园以及植于林荫树下作为地被植物。是广受欢迎的花卉植物之一。

花叶菖蒲 天南星科
菖蒲属

Acorus calamus 'Variegatus'

形态特征：多年生常绿草本。根茎横走，外皮黄褐色。叶茎生，剑状线形，叶片纵向近一半宽为金黄色。肉穗花序斜向上或近直立；花黄色。浆果长圆形，红色。花期3—6月。

生态习性：喜光又耐阴，喜湿润，耐寒，不择土壤，忌干旱。

观赏价值：叶色斑驳，端庄秀丽。

园林应用：可植于水景岸边及用于水体绿化，也可作盆栽观赏或用于布景。

禾本科
花叶芦荻属 | **花叶芦苇**

Phragmites australis 'Variegatus'

形态特征：多年生草本。茎部粗壮近木质化，丛生；根部粗而多结。叶互生，排成两列，弯垂，灰绿色，具白色纵条纹。羽毛状大型散穗花序顶生，多分枝，直立或略弯垂，初开时带红色，后转白色。花期为秋季。

生态习性：喜温暖、水湿，耐寒性不强。

观赏价值：叶具白色纵条纹，为彩叶观赏植物。

园林应用：可作园林水边绿化的用材，或与景石搭配，优雅别致。

花叶芦竹　禾本科
芦竹属

Arundo donax var. versicolor

形态特征：多年生草本。根状茎发达，秆粗大直立，高3厘米以上，具多数节，常生分枝。叶鞘长于节间，无毛或颈部具长柔毛；叶舌截平，叶片扁平，基部白色，抱茎，常具黄绿色或银白色条纹。花果期9—12月。

生态习性：喜温，喜光，喜水湿，耐寒。

观赏价值：早春叶色黄白相间，后增加绿色条纹，盛夏新叶为绿色，秋季花序飘逸。

园林应用：可作园林水景背景用材，也可点缀于桥、亭、榭等处。片植、丛植效果均十分理想。

形态特征：多年生草本。株高 1.5 米左右，具根状茎，丛生；开展度与株高相同；叶片呈拱形向地面弯曲，最后呈喷泉状，叶片长 60—90 厘米，浅绿色，有奶白色条纹，条纹与叶片等长；圆锥花序，花序深粉色，高度高于植株 20—60 厘米。花期 9—10 月。

生态习性：喜光，耐半阴、耐寒、耐旱、耐涝，适应性强，不择土壤。

观赏价值：叶片浅绿色，有奶白色条纹，为优良的彩叶观赏草品种。

园林应用：园林景观中的点缀植物，可单株种植、片植或盆栽观赏。与其他花卉及不同的宿根地被植物组合种植，景观效果更好。可用于花境、花坛、岩石园、石头旁、桥边等处，可作假山、水边等处的背景素材。

花叶美人蕉

美人蕉科
美人蕉属

Canna indica var. variegata Regel

形态特征： 多年生宿根草本。株高 1.5—2 米。叶片披针形，长达 50 厘米；总状花序疏花，单生或分叉，花冠红色或黄色。花期 5—10 月。

生态习性： 喜高温、高湿、阳光充足的气候。喜深厚肥沃的酸性土壤，可耐半阴，不耐瘠薄，忌干旱，畏寒冷，生长适宜温度为 23—30℃。

观赏价值： 花叶美人蕉叶面黄绿相间，叶色俏丽，观赏价值高，同时可观花，是南方园林绿化中常用的植物。

园林应用： 常见栽植于花坛、花池、庭院及水景驳岸边坡等公共绿地。

禾本科
蒲苇属 **花叶蒲苇**

Cortaderia selloana 'Silver Comet'

形态特征：多年生草本。秆高大粗壮，丛生，高 2—3 米；雌雄异株，圆锥花序大而稠密，银白色至粉红色。花期 7—9 月。

生态习性：喜光，耐干旱，忌涝，耐半阴。

观赏价值：叶带金边，花序大而稠密，可观叶、观花。

园林应用：在园林中常丛植观赏，或作花境背景素材。

花叶水葱

莎草科
水葱属

Schoenoplectus tabernaemontani `Variegata`

形态特征： 多年生宿根挺水草本。株高1—2米，茎秆高大通直；线形叶片长2—11厘米；圆锥状花序假侧生，花序似顶生。花果期6—9月。

生态习性： 喜温暖湿润的气候，在自然界中常生于沼泽地、浅水或湿地草丛中。喜阳光，较耐寒，能够适应一般的土壤和水体，在清洁的水质中观赏性更佳。

观赏价值： 花叶水葱株丛挺立，茎秆黄绿相间，潇洒俊逸，观赏价值较高。

园林应用： 适宜装饰湖面和池面。

姜科
山姜属 **花叶艳山姜**

Alpinia zerumbet ‘Variegata’

形态特征：多年生草本。叶具鞘，长椭圆形，两端渐尖。圆锥花序呈总状，花序下垂，花蕾包藏于总苞片中；花白色，边缘黄色，顶端红色，唇瓣广展，花大而美丽并具有香气。花期4—6月，果期7—10月。

生态习性：喜阳，耐半阴，喜温暖湿润的气候，较耐寒。

观赏价值：叶色艳丽，花香气浓郁，清秀雅致。

园林应用：可植于景观山石旁、绿地边缘及庭院一角等处，也可作为室内花园点缀植物。

花叶鱼腥草

三白草科
蕺菜属

Houttuynia cordata 'variegata'

形态特征： 多年生挺水草本。具地下根状茎，匍匐生长，具节。叶具花斑，呈现出红色、绿色、褐色、黄色等几种颜色。花期4—9月。

生态习性： 喜温暖湿润的气候，对土壤、水质要求不严，在肥沃中性的土壤中生长发育良好。适宜生长温度为15—35℃，10℃以下停止生长。南方可露地栽培及室外盆栽，北方需要进行越冬处理。

观赏价值： 叶色斑斓，是优良的观叶植物。

园林应用： 是点缀园林水景区的优良观赏植物用料，与周围其他植物搭配种植，更能突出园林水景之美。在室内水族箱内培养花叶鱼腥草，可调节箱内景观的色彩。

鸢尾科
鸢尾属 花叶玉蝉花

Iris ensata 'Variegata'

形态特征： 多年生草本。叶条形，叶片上有白色条纹；花茎圆柱形，花深紫色。花期6—7月，果期8—9月。

生态习性： 喜温暖湿润的气候，耐寒，喜水湿。对土壤要求不严。

观赏价值： 叶形优美，绿白相间；花色艳丽。

园林应用： 可营造水景，常植于池旁、湖畔用于点缀景色，也可作为花境材料。

华东唐松草 毛茛科 唐松草属

Thalictrum fortunei S.Moore

形态特征：多年生草本。茎自中下部分枝。基生叶及下部茎生叶具长柄；小叶片草质，下面粉绿色，顶生小叶片近圆形，边缘具浅圆齿。单歧聚伞花序分枝少，圆锥状；花白色或淡蓝紫色。花期3—5月。

生态习性：喜阳，又耐半阴，生长于林下或草甸的潮湿环境中，对土壤要求不严。

观赏价值：花量多，花色清新雅致。

园林应用：可植于花境中，也可在庭院作地被。

鸢尾科
鸢尾属 **黄菖蒲**

Iris pseudacorus L.

形态特征： 多年生湿生或挺水草本。植株高大；叶子茂密，基生，长剑形，中肋明显；花茎稍高出于叶，花明黄色，直径 10 厘米。花期 5—6 月，果期 6—8 月。

生态习性： 喜光，稍耐盐碱，喜湿润，耐寒性强。喜腐殖质丰富的砂质壤土或轻黏土。

观赏价值： 花色黄艳，叶丛、花朵茂密，花姿秀美，观赏价值极高。

园林应用： 是湿地水景中使用量较多的花卉，可配置在湖畔、池边和湿地岸边。配合其他水生植物营造水景，具有诗情画意的展示效果。亦可在水中挺水栽培，效果极佳。

黄花水龙 柳叶菜科 丁香蓼属

Ludwigia peploides subsp. *stipulacea* (Ohwi) Karen

形态特征： 多年生浮水或上升草本，浮水茎节上常生圆柱状海绵状贮气根状浮器，具多数须状根；叶长圆形或倒卵状长圆形，先端常锐尖或渐尖，基部狭楔；花单生于上部叶腋，花瓣鲜金黄色，花药淡黄色，花柱黄色。花期6—8月，果期8—10月。

生态习性： 喜光，喜湿润的环境，耐水湿。

观赏价值： 花色艳丽，美观优雅。

园林应用： 常植于河流、湿地、低洼地、水池及水景等处。

石蒜科 水仙属　黄水仙

Narcissus pseudonarcissus L.

形态特征：多年生草本。叶绿色，略带灰色，基生，宽线形，先端钝；花茎挺拔，顶生1花，花朵硕大，花横向或略向上开放，副花冠呈喇叭形，花瓣淡黄色、白色等。花期3—4月。

生态习性：喜温暖、湿润、阳光充足的环境。

观赏价值：花朵鲜黄靓丽。

园林应用：适植于花境、花坛、岩石园及驳岸边坡等处，亦可片植。

活血丹 唇形科
活血丹属

Glechoma longituba (Nakal) Kupr.

形态特征：多年生草本。具匍匐茎，茎高10—20厘米；叶草质，下部较小，叶片心形或近肾形；轮伞花序通常2朵，花色粉红或紫红。花期4—5月，果期5—6月。

生态习性：喜温暖湿润的气候，较耐寒，常生于林缘、疏林下、草地边、溪边等阴湿处。

观赏价值：叶形优美，生长迅速，覆盖地面效果好。花淡蓝色或淡紫色，奇特优雅。

园林应用：可作花境材料，亦可作封闭观赏草坪，还可种植于建筑物阴面或作林下耐阴湿地被植物。

唇形科
藿香属　藿香

Agastache rugosa (Fisch.et Mey) O.Ktze

形态特征：多年生草本。高 0.5—1.5 米，茎直立，粗达 7—8 毫米；叶心状卵形至长圆状披针形。花冠淡紫蓝色；花期 6—9 月，果期 9—11 月。

生态习性：喜高温、潮湿、阳光充足的环境，对土壤要求不严。

观赏价值：植株高大，花色淡紫色，穗状花序顶生，优雅华贵。

园林应用：用于花境、池畔、庭院、疏林和草地边缘的片植。

吉祥草 百合科
吉祥草属

Reineckea carnea (Andrews) Kunth

形态特征：多年生常绿草本。株高约 30 厘米，地下根茎匍匐，节处生根；叶呈带状披针形，端渐尖；花葶抽于叶丛，花内白色外紫红色，稍有芳香。浆果直径 6—10 毫米，熟时鲜红色。花果期 7—11 月。

生态习性：喜温暖湿润的气候，较耐寒耐阴。对土壤的要求不高，适应性强，以排水良好的肥沃壤土为宜。

观赏价值：植株造型优美，叶色翠绿，颇具雅致。

园林应用：林下耐阴的优良地被观赏植物，适宜在林下成片种植。

蓼科
荞麦属 **戟叶蓼**

Fagopyrum tataricum (L.) Gaertn.

形态特征：一年生草本。茎直立，分枝，绿色或微呈紫色，有细纵棱。花序总状，顶生或腋生，花排列稀疏；苞片卵形。花期6—9月，果期8—10月。
生态习性：喜阴湿环境。
观赏价值：叶形奇特，花美丽。
园林应用：适植于湿地、水景、路旁、山坡、河谷等处。

荚果蕨 球子蕨科
荚果蕨属

Matteuccia struthiopteris (L.) Todaro

形态特征：植株高70—110厘米。根状茎粗壮，短而直立，木质，坚硬，深褐色；叶柄基部密被鳞片；鳞片披针形，长4—6毫米，先端纤维状，膜质，全缘，棕色，老时中部常为褐色至黑褐色。

生态习性：不耐干旱，喜潮湿环境；既耐高温，也耐低温。

观赏价值：叶片颜色翠绿，婀娜多姿。

园林应用：多植于庭院水景及溪流岸边等处。

金星蕨科
毛蕨属

渐尖毛蕨

Cyclosorus acuminatus (Houtt.) Nakai

形态特征：植株高 70—80 厘米。根状茎长而横走，深棕色，老则变褐棕色，先端密被棕色披针形鳞片。叶二列远生；叶片长，二回羽裂；羽片 13—18 对，有极短柄，斜展或斜上。孢子囊群圆形，生于侧脉中部以上，每裂片 5—8 对；囊群盖大，深棕色或棕色，密生短柔毛，宿存。孢子深褐色，单裂缝，椭圆形。外壁具颗粒。周壁两层，外层向外隆起形成孢子纹饰，呈鸡冠状。

生态习性：喜阴湿环境。

观赏价值：叶形奇特，株型优美。

园林应用：适植于湿地及岸线边坡等处。

姜花 姜科
姜花属

Hedychium coronarium Koen.

形态特征：多年生草本。叶片为长椭圆形，中肋紫红色。穗状花序，上部苞叶为桃红色阔卵形不育苞片，下部为蜂窝状绿色苞片，内含紫白色小花。花期6—10月。

生态习性：喜温暖湿润的气候和阳光充足的环境。

观赏价值：花大而色艳、花形独特，可观花、赏叶。

园林应用：适植于花境、花坛及游园等处。

禾本科
菰属 **茭白**

Zizania latifolia (Griseb.) Stapf

形态特征：多年生浅水草本，具匍匐根状茎。秆高大直立，高 1—2 米；叶舌膜质，长约 1.5 厘米，顶端尖；叶片扁平宽大，长 50—90 厘米，宽 15—30 毫米；圆锥花序长 30—50 厘米，分枝多数簇生，上升，果期开展；颖果圆柱形。

生态习性：喜光、喜水、喜湿，不耐寒。

观赏价值：株型优美，飘逸潇洒。

园林应用：可栽植于河道、湖泊、湿地等处。

接骨草 五福花科
接骨木属

Sambucus javanica Blume

形态特征： 高大草本或半灌木。茎有棱条，羽状复叶的托叶叶状或有时退化成蓝色的腺体；小叶片互生或对生，狭卵形，先端长渐尖，基部钝圆，两侧不等，边缘具细锯齿。复伞形花序顶生，大而疏散，花冠白色，果实红色，近圆形。花期4—5月，果期8—9月。

生态习性： 适应性较强，对气候要求不严；喜向阳，但又能稍耐阴。

观赏价值： 叶形奇特，花、果俱美。

园林应用： 适植于湿地、水景边坡等处。

唇形科
筋骨草属 **金疮小草**

Ajuga decumbens Thunb.

形态特征：多年生草本。茎直立，密被灰白色波毛状长柔毛，幼嫩部分尤密。轮伞花序至顶端呈一密集的穗状聚伞花序；花冠蓝紫色或蓝色，筒状。花期4—5月，果期5—6月。

生态习性：喜半阴和湿润的气候，耐涝、耐旱、耐阴，也耐暴晒。

观赏价值：株型紧凑，秋季霜后叶色变红。

园林应用：可作花境用材，也可成片种植于林下、湿地等处。

金叶石菖蒲　天南星科
菖蒲属

Acorus gramineus 'Ogan'

形态特征：多年生常绿草本。全株具香气。硬质的根状茎横走，多分枝。叶剑状条形，两列状密生于短茎上，全缘，先端渐尖，有光泽。花茎叶状，扁三棱形；肉穗花序，花小而密生，绿色。花期4—5月。

生态习性：不耐暴晒，不耐阴；耐寒；喜阴湿环境，不耐旱；不择土壤。

观赏价值：四季常绿，叶色金黄，观赏效果好。

园林应用：成片密植或丛植、条植于水体的边缘，可作浅水景绿化或水边石上附石绿化。

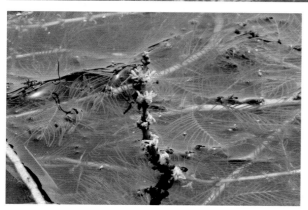

金鱼藻科
金鱼藻属 **金鱼藻**

Ceratophyllum demersum L.

形态特征： 多年生沉水性水生草本，全株暗绿色。茎细柔，有分枝。叶轮生，每轮6—8叶；无柄；叶片2歧或细裂，裂片线状，具刺状小齿。花小，单性，雌雄同株或异株。花期6—7月，果期8—10月。

生态习性： 沉水植物，生于湖泊、池塘的静水中，或水沟、河流、温泉等流水处。

观赏价值： 叶形奇特，翠绿，美观。

园林应用： 多栽植于湿地、水景、湖泊之中。

九头狮子草　爵床科 观音草属

Peristrophe japonica（Thunb.）Bremek.

形态特征： 多年生草本。高达 60 厘米左右；茎直立，节稍膨大，叶对生；聚伞花序顶生或腋生于上部叶腋，花冠淡红紫色，二唇形。花期 7—10 月，果期 8—11 月。

生态习性： 耐阴湿，不择土壤，多生长于阴湿的溪边、路边、林荫处。

观赏价值： 叶及茎碧绿，小花紫红，耀眼夺目。

园林应用： 可作花境材料，片植作林下耐阴湿地被植物，根系十分发达；也可以种植于驳岸边坡作护坡。

形态特征：一年生草本，蔓生或漂浮于水面。茎圆柱形，有节，节间中空，节上生根，无毛；叶片形状、大小有变化，卵形、长卵形、长卵状披针形或披针顶端锐尖或渐尖，具小短尖头，基部心形、戟形或箭形，偶尔截形，全缘或波状形；聚伞花序腋生，花冠白色、淡红色或紫红色，漏斗状。

生态习性：喜温暖湿润的气候，耐炎热，耐水湿，不耐霜冻。

观赏价值：叶色碧绿，花洁白，颇为美观。

园林应用：常植于湿地、庭院水景等处。

苦草 水鳖科 苦草属

Vallisneria natans (Lour.) Hara

形态特征： 沉水草本。具匍匐茎，白色，光滑或稍粗糙，先端芽浅黄色；叶基生，线形或带形，绿色或略带紫红色，常具棕色条纹和斑点，先端圆钝，边缘全缘或具不明显的细锯齿，无叶柄；花单性，雌雄异株，雄佛焰苞卵状圆锥形。

生态习性： 沉水植物，生于溪沟、河流等环境中。

观赏价值： 叶长、翠绿、丛生。

园林应用： 适植于湿地、水景、溪沟、河流、池塘、湖泊之中。

百合科
葱属　宽叶韭

Allium hookeri Thwaites

形态特征： 多年生草本。高 20—60 厘米，根肉质，粗壮，鳞茎圆柱形，外皮膜质；伞形花序近球形，花多而密集，花梗纤细近等长，花白色，星芒状展开。花果期 8—9 月。

生态习性： 喜冷凉，忌高温多湿，生育适温为 15—20℃。土质以排水良好、肥沃、富含有机质的砂质壤土为最佳，土壤保持湿润，植株生长较旺盛。

观赏价值： 叶碧绿，花球形，观赏价值较高。

园林应用： 适于疏林下作地被，亦可在花境中应用。

狼尾草 禾本科
狼尾草属

Pennisetum alopecuroides (L.) Spreng.

形态特征： 多年生草本。秆直立，丛生。叶鞘光滑，两侧压扁，秆上部者长于节间。叶片线形，先端长渐尖，基部生疣毛。圆锥花序直立，主轴密生柔毛。颖果长圆形。花果期为夏秋季。

生态习性： 喜光照充足的生长环境，耐旱、耐湿，亦能耐半阴，且抗寒性强。

观赏价值： 茂密、纤柔的狼尾草随风摇摆，飘逸潇洒，极具自然野趣。

园林应用： 适植于郊野公园、湿地公园、生态公园、石头旁及驳岸边坡等处。

报春花科
珍珠菜属 **狼尾花**

Lysimachia barystachys Bunge

形态特征： 多年生草本。具横走的根茎，全株密被卷曲柔毛，茎直立，高30—100厘米；总状花序顶生，花密集，常转向一侧；蒴果球形。花期5—8月，果期8—10月。

生态习性： 喜阴湿环境。

观赏价值： 花密集，花冠白色淡雅。

园林应用： 适植于湿地、河岸边坡等处。

冷水花

荨麻科
冷水花属

Pilea notata C. H. Wright

形态特征： 多年生草本。具匍匐茎，茎肉质，纤细，中部稍膨大。叶柄纤细，常无毛，稀有短柔毛；托叶大，带绿色。花雌雄异株，花被片绿黄色，花药白色或带粉红色，花丝与药隔红色。瘦果小，圆卵形，熟时绿褐色。花期6—9月，果期9—11月。

生态习性： 喜温暖湿润的气候。

观赏价值： 叶色优美，可作地被植物。

园林应用： 适植于湿地、水景边坡。

毛茛科
银莲花属 **林荫银莲花**

Anemone flaccida Fr. Schmidt

形态特征：多年生草本。植株低矮；叶片薄草质，五角形，基部深心形，三全裂；萼片 5 枚，白色或粉红色。花期 3—5 月。

生态习性：喜凉爽、湿润、阳光充足的环境，较耐寒。

观赏价值：叶形雅致，叶色青翠，花姿柔美，花色白或粉红，玲珑可爱。

园林应用：适用于花境、花坛的布置，也宜成片栽植于疏林下、草坪边缘。

留兰香 唇形科 薄荷属

Mentha spicata L.

形态特征：多年生草本。茎直立，钝四棱形，具槽及条纹，不育枝仅贴地生；叶无柄或近于无柄，卵状长圆形或长圆状披针形，先端锐尖，基部宽楔形至近圆形，边缘具尖锐而不规则的锯齿；花萼钟形，花冠淡紫色。花期7—9月。

生态习性：喜光，喜湿润的环境。

观赏价值：叶碧绿，花芳香。

园林应用：适植于庭院、林缘、花境等处。

柳叶菜科
柳叶菜属 柳叶菜

Epilobium hirsutum L.

形态特征：多年生草本。茎圆柱形，绿色，入秋变淡红色，被曲柔毛。无基生叶，叶对生，叶片近革质，常反折，通常为卵形，有时为披针形，先端急尖而钝，基部圆形或阔楔形。花直立，花蕾为卵状长圆形。花期6—8月，果期7—9月。

生态习性：喜阳，喜潮湿的环境。

观赏价值：花淡红雅致。

园林应用：适植于湿地、水景及溪流之中。

龙牙草 蔷薇科
龙牙草属

Agrimonia pilosa Lab.

形态特征：多年生草本。茎高
30—120 厘米；叶为不整齐的单
数羽状复叶，小叶通常 5—7 枚，
茎上部为 3 小叶；总状花序顶生，
小花黄色。花果期 5—12 月。
生态习性：适应性较强，喜光，
略耐半阴。
观赏价值：叶形奇特，小黄花繁
密鲜艳，具有一定的观赏价值。
园林应用：多栽植于花境、林缘
等处。

禾本科
芦苇属 **芦苇**

Phragmites australis (Cav.) Trin. ex Steud.

形态特征：多年水生或湿生的高大禾本科草本，根状茎十分发达。秆直立，高 1—3 米，具 20 多节；叶鞘下部者短于其上部者；叶片披针状线形，无毛，顶端长渐尖成丝形；圆锥花序大型，分枝多数；小穗无毛。

生态习性：耐寒、抗旱、抗高温，喜水、喜湿。

观赏价值：开花时节自然飘逸，生机勃勃，十分美观。

园林应用：多植于湖泊、湿地、水景等处。

芦竹 禾本科 芦竹属

Arundo donax L.

形态特征：多年生草本。根状茎发达，秆粗大直立，坚韧，具多数节，常生分枝。叶鞘长于节间，无毛或颈部具长柔毛。叶舌截平，先端具短纤毛；叶片扁平，上部与边缘微粗糙，基部白色，抱茎。圆锥花序极大型，分枝稠密，斜升；背面中部以下密生长柔毛，两侧上部具短柔毛。颖果细小黑色。花果期9—12月。

生态习性：喜温暖，喜水湿，耐寒性不强。常生于河岸边坡，喜砂质壤土。

观赏价值：茎秆高大挺拔，形状似竹。

园林应用：可作为水系岸坡的背景用材，也可成丛点缀于桥头、石头旁。

虎耳草科
落新妇属 **落新妇**

Astilbe chinensis (Maxim.) Franch. et Savat.

形态特征：多年生草本，高 50—100 厘米。根状茎暗褐色，粗壮，须根多数。茎无毛。基生叶为二至三回三出羽状复叶；顶生小叶片菱状椭圆形，侧生小叶片卵形至椭圆形。圆锥花序，花密集；萼片 5，花瓣 5，淡紫色至紫红色。花期 6—8 月。

生态习性：喜半阴，在湿润的环境下生长良好。性强健，耐寒。

观赏价值：花色丰富，株型优美。

园林应用：可栽植于疏林下及林缘墙垣半阴处，也可植于溪边和湖畔，还可植于花坛和花境及岩石园。

马蔺 鸢尾科
鸢尾属

Iris lactea Pall.

形态特征：多年生草本。叶基生，宽线形，高度可达 60 厘米左右；花为浅蓝色、蓝色或蓝紫色，花被上有较深的条纹。花期 5—6 月，果期 6—9 月。

生态习性：喜阳光，稍耐阴，耐高温、耐旱、耐涝、耐盐碱，是一种适应性极强的地被花卉。

观赏价值：色泽青绿，花淡雅美丽，花密清香，花期长达 50 天。

园林应用：是做花境、护坡的好材料。耐盐碱、耐践踏，根系发达，可用于水土保持和改良盐碱土。

天南星科
马蹄莲属
马蹄莲

Zantedeschia aethiopica (L.) Spreng.

形态特征: 多年生粗壮草本,具块茎。叶基生,叶柄长 0.4—1 米,下部具鞘;叶片较厚,绿色,心状箭形或箭形,先端锐尖、渐尖或具尾状尖头,基部心形或戟形,全缘,佛焰苞长 10—25 厘米,管部短,黄色;檐部略后仰,锐尖或渐尖,具锥状尖头,亮白色,有时带绿色。肉穗花序圆柱形。

生态习性: 喜温暖、湿润和阳光充足的环境。不耐寒和干旱,喜水。

观赏价值: 花苞洁白,宛如马蹄;叶片翠绿,缀以白斑。挺秀雅致,可谓花叶两绝。

园林应用: 多栽植于庭园,尤其是丛植于水池或堆石旁,开花时非常美丽。

毛茛 毛茛科
毛茛属

Ranunculus japonicus Thunb.

形态特征：多年生草本。茎直立；叶片圆心形或五角形，基部心形或截形，中裂片倒卵状楔形或宽卵圆形或菱形，两面贴生柔毛，叶柄生开展柔毛；聚伞花序有多数花，花黄色。花果期4—9月。

生态习性：喜温暖湿润的气候，喜潮湿的环境。

观赏价值：叶形奇特，花色优美。

园林应用：可栽植于湿地、河岸、水系边坡等处。

美人蕉科
美人蕉属
美人蕉

Canna indica L.

形态特征：多年生草本。高可达 1.5 米，全株绿色无毛，被蜡质白粉。叶片卵状长圆形；总状花序，花单生或对生，花冠大多红色、黄色和杂色。花果期 4—10 月。

生态习性：喜温暖、喜光，不耐寒。对土壤要求不严，在疏松肥沃、排水良好的砂质壤土中生长最佳。

观赏价值：花大色艳、色彩丰富，株型好，栽培容易。观赏价值很高。

园林应用：用于花境、花坛和水边种植，适植于各种类型绿地。

墨西哥鼠尾草 唇形科 鼠尾草属

Salvia leucantha Car.

形态特征：多年生草本。株高约30—70厘米；叶片披针形，对生，上具绒毛，有香气；轮伞花序，顶生，花紫色，具绒毛。花期8—11月。

生态习性：喜光，也稍耐阴，适生于温暖、湿润的环境。

观赏价值：花叶俱美，花蓝紫色、毛绒绒的花穗随风摇曳，别有一番情趣。

园林应用：可作花境素材，适宜在公园、风景区林缘坡地、草坪一隅及湖畔河岸的景观布置，还可用作盆栽和切花。

木贼科
木贼属 **木贼**

Equisetum hyemale L.

形态特征：多年生常绿草本。根状茎粗短，黑褐色，横生地下，节上生黑褐色的根；茎直立，单一或仅于基部分枝，中空，有节，表面灰绿色或黄绿色，有纵棱多条，粗糙。
生态习性：喜阳光，喜潮湿的环境。
观赏价值：茎枝绿色，四季常青，优雅美观。
园林应用：可植于花境、湿地及水景等处。

糯米团 荨麻科
糯米团属

Gonostegia hirta (Bl.) Miq.

形态特征：多年生草本，有时茎基部变木质。茎蔓生、铺地或渐升，基部粗，不分枝或分枝，上部四棱形，有短柔毛。花期5—9月。

生态习性：喜光，喜阴湿的环境。

观赏价值：叶碧绿，花美观。

园林应用：多栽植于湿地、溪边等阴湿处。

菊科
蟛蜞菊属 **蟛蜞菊**

Sphagneticola calendulacea (Linnaeus) Pruski

形态特征：多年生草本，茎匍匐，上部近直立，基部各节生出不定根。叶无柄，椭圆形、长圆形或线形。头状花序少数，单生于枝顶或叶腋内；总苞钟形，黄色，舌片卵状长圆形。管状花较多，黄色，花冠近钟形。花期3—9月。

生态习性：适应性广泛，喜肥沃湿润的土壤。

观赏价值：花期长，花颜色鲜艳。

园林应用：植于湿地、水景边坡等处。

匍匐筋骨草

唇形科
筋骨草属

Ajuga reptans L.

形态特征：多年生草本。叶对生，叶片椭圆状卵圆形，纸质，绿色；轮伞花序6朵以上，密集成顶生穗状花序，花淡红色或蓝色。花期4—5月。

生态习性：生于路旁、溪边、草坡和丘陵山地的阴湿处。

观赏价值：植株低矮，冬季半常绿，早春叶片紫色，贴地生长，蓝紫色小花密集。

园林应用：可栽植于花境、花坛、岩石园等处，丛植和片植均宜。

禾本科
蒲苇属　**蒲苇**

Cortaderia selloana 'Pumila'

形态特征：多年生草本。茎丛生，雌雄异株；叶聚生于基部，长而狭，下垂，边有细齿，具灰绿色短毛；圆锥花序大，雌花穗银白色；花期9—10月。

生态习性：性强健，耐寒，喜温暖、阳光充足及湿润的气候。

观赏价值：半常绿，花穗长而美丽。

园林应用：宜在公园、庭院或水景边坡种植，赏其银白色羽状穗的圆锥花序。

千屈菜 千屈菜科
千屈菜属

Lythrum salicaria L.

形态特征：多年生草本，茎直立。叶对生或三叶轮生，披针形或阔披针形，全缘，无柄；花组成小聚伞花序，簇生于主枝上；花淡紫色或紫红色。花期6—9月，果期8—10月。

生态习性：喜强光，耐寒性强，喜水湿，对土质要求不严。

观赏价值：株丛整齐，耸立而清秀；花朵繁茂，紫红色，花序长。

园林应用：宜在浅水岸边丛植或池中栽植，也可作花境素材在园林中丛植和水边条状种植。

睡莲科 芡属　**芡实**

Euryale ferox Salisb. ex Konig et Sims

形态特征：一年生水生草本。沉水叶箭形或椭圆肾形，浮水叶革质，椭圆肾形至圆形；叶柄及花梗粗壮，花内面紫色。萼片披针形，花瓣紫红色矩圆披针形或披针形；浆果球形，污紫红色；种子球形，黑色。7—8月开花，8—9月结果。

生态习性：喜温暖、喜水、喜阳光充足，不耐寒也不耐旱。

观赏价值：叶形态奇特，株型美观。

园林应用：植于湖泊、池塘、公园水景等处。

三白草

三白草科
三白草属

Saururus chinensis (Lour.) Baill.

形态特征： 多年生湿生草本，高约 1 米。茎粗壮，下部伏地；茎顶端的 2—3 片于花期常为白色，呈花瓣状。花期 4—6 月。

生态习性： 喜温暖湿润的气候，耐阴。凡塘边、沟边、溪边等浅水处或低洼地均可栽培。

观赏价值： 在水边生长，白色大型叶片生长在枝头，清丽怡人。

园林应用： 多植于潮湿花境、溪湖岸边，也可作为湿生花卉来栽培，常采用丛植和片植的栽植形式。

菊科
蛇鞭菊属

蛇鞭菊

Liatris spicata (L.) Willd.

形态特征： 多年生草本。基生叶线形，长达30厘米；头状花序排列成密穗状，长60厘米，因多数小头状花序聚集成长穗状花序，呈鞭形而得名，花色淡紫和纯白。花期7—8月。

生态习性： 耐寒，耐水湿，耐贫瘠。喜欢阳光充足、气候凉爽的环境，土壤以疏松肥沃、排水良好的砂质壤土为宜。

观赏价值： 花期长，花茎挺立，花色清丽。

园林应用： 宜作花坛、花境和庭院植物，是优秀的园林绿化新品种。

蛇莓 蔷薇科
蛇莓属

Duchesnea indica (Andr.) Focke

形态特征：多年生草本。根茎短，粗壮；匍匐茎多数，有柔毛。小叶片倒卵形至菱状长圆形，先端圆钝，边缘有钝锯齿，两面皆有柔毛，或上面无毛，具小叶柄。花单生于叶腋，黄色；花托在果期膨大，瘦果卵形。花期6—8月，果期8—10月。

生态习性：喜阴凉、温暖湿润，耐寒、不耐旱。

观赏价值：叶形奇特，花果鲜艳美丽。

园林应用：可布置花境、花坛，亦可作地被。

肾蕨科 肾蕨属 肾蕨

Nephrolepis auriculata (L.) Trimen

形态特征：附生或土生。根状茎直立，被蓬松的淡棕色长钻形鳞片，下部有粗铁丝状的匍匐茎向四方横展；匍匐茎棕褐色，不分枝，疏被鳞片，有纤细的褐棕色须。叶簇生，暗褐色，略有光泽；叶片线状披针形或狭披针形，一回羽状，羽状多数，互生，常密集而呈覆瓦状排列，披针形，叶缘有疏浅的钝锯齿；叶脉明显，侧脉纤细，自主脉向上斜出，在下部分叉。孢子囊群肾形。

生态习性：喜温暖湿润和半阴的环境，忌阳光直射。

观赏价值：四季常绿，枝叶繁茂，株型优美。

园林应用：可作阴性地被植物或布置在墙角、假山和水池边。

石菖蒲 天南星科 菖蒲属

Acorus tatarinowii Schott

形态特征：多年生草本，其根茎具气味。叶全缘，排成两列，肉穗花序（佛焰花序），花梗绿色，佛焰苞叶状。花果期2—6月。

生态习性：喜阴湿环境，不耐干旱，稍耐寒。

观赏价值：四季常绿，株型优美。

园林应用：适植于湿地、水景等处。

毛茛科
毛茛属 石龙芮

Ranunculus sceleratus L.

形态特征：一年生草本。须根簇生，茎直立。基生叶多数，叶片肾状圆形；茎生叶多数。聚伞花序有多数花，花小；萼片椭圆形，花瓣倒卵形，花药卵形。聚合果长圆形，瘦果近百枚，极多数。花果期5月至8月。

生态习性：喜热带、亚热带温暖潮湿的气候。

观赏价值：叶形奇特，花色优美。

园林应用：可栽植于湿地及河沟边坡等处。

水鳖 水鳖科
水鳖属

Hydrocharis dubia (Bl.) Backer

形态特征：浮水草本。匍匐茎发达，顶端生芽，并可产生越冬芽。叶簇生，多漂浮，有时伸出水面；叶片心形或圆形，先端圆，基部心形，全缘。花瓣白色，基部黄色。花果期8—10月。

生态习性：喜阳，生长在静水沼泽之中。

观赏价值：叶色翠绿，花白色清秀。

园林应用：多植于公园及庭院静水景观之中。

莎草科
水葱属 **水葱**

Schoenoplectus tabernaemontani (Gmel.) Palla

形态特征： 多年生宿根挺水草本。株高1—2米，茎秆高大通直；杆呈圆柱状，中空；聚伞花序顶生。花果期6—9月。

生态习性： 生长在湖边、水边、浅水塘、沼泽地或湿地草丛中，耐寒。

观赏价值： 株丛挺立丛生，富有线条美。

园林应用： 常于水边、池旁栽植，颇具野趣。

水鬼蕉 石蒜科
水鬼蕉属

Hymenocallis littoralis (Jacq.) Salisb.

形态特征： 多年生鳞茎草本。叶基生。花葶硬而扁平，实心；伞形花序，3—8 朵小花着生于茎顶，花茎可达 20 厘米；花白色，有香气。花期在夏秋季。

生态习性： 喜温暖湿润的气候，不耐寒。喜光，喜肥沃的土壤。

观赏价值： 叶姿健美，花色素洁高雅。

园林应用： 可作花境、花坛用材，也可以片植观赏。

禾本科
水禾属　水禾

Hygroryza aristata (Retz.) Nees

形态特征：水生漂浮草本。根状茎细长，节上生羽状须根。叶鞘膨胀，具横脉；叶舌膜质，叶片卵状披针形，顶端钝，基部圆形，具短柄。圆锥花序，秋季开花。

生态习性：生长于池塘湖沼和小溪流中。

观赏价值：叶雅致秀美。

园林应用：多栽植于湿地，可用于营造水景。

水烛 香蒲科 香蒲属

Typha angustifolia L.

形态特征：多年生水生或沼生草本。根状茎乳黄色、灰黄色。地上茎直立，粗壮，高可达3米。叶片上部扁平，中部以下腹面微凹，背面向下逐渐隆起呈凸形，叶鞘抱茎。雄花序轴具褐色扁柔毛，单出，叶状苞片，花后脱落，花药长距圆形；雌花通常比叶片宽，花后脱落。6—9月开花结果。

生态习性：喜光照，耐寒，喜水湿。

观赏价值：株型挺拔，叶形优美，穗状花序奇特可爱。

园林应用：多适植于湖泊、河流、湿地等处。

形态特征：多年生草本，茎直立或基部匍匐。基生叶有柄，基部有叶鞘；叶片轮廓为三角形；复伞形花序顶生，花瓣白色；花期6—7月，果期8—9月。

生态习性：喜湿润、肥沃的土壤，耐涝及耐寒性强。

观赏价值：叶形奇特，株型优美。

园林应用：可植于湿地、水景等处。

水生美人蕉 美人蕉科
美人蕉属

Canna glauca L.

形态特征：多年生草本。茎绿色；叶片披针形；总状花序疏花，单生或分叉，稍高出叶上；苞片圆形，褐色，花有黄、粉、橙红色及带红色斑点等。花期：夏秋季。

生态习性：喜温暖湿润的气候，适应性强，不择土壤，稍耐水湿。

观赏价值：茎叶茂盛，花色艳丽，花期长。

园林应用：是一种优良的园林绿化和城市湿地水景布置的用材。

花蔺科
水罂粟属 水罂粟

Hydrocleys nymphoides

形态特征：多年生浮叶草本。茎圆柱形；叶簇生于茎上，叶片呈卵形至近圆形，具长柄，顶端圆钝，基部心形，全缘；叶柄圆柱形；伞形花序，小花具长柄，花黄色。花期6—9月。

生态习性：喜光，喜温暖，不耐寒。

观赏价值：叶翠绿，花淡雅。

园林应用：多植于庭院水景及池塘边缘浅水处。

睡莲 睡莲科
睡莲属

Nymphaea tetragona Georgi

形态特征：多年生水生草本，根状茎肥厚。叶二型：椭圆形叶浮生于水面，全缘；基心形叶表面浓绿，背面暗紫。花单生，大而美丽，有白、黄、粉红等色。6—8月为盛花期，8—10月果成熟。

生态习性：水生，喜光，耐寒。

观赏价值：传统水生观赏植物，叶片圆而有形，花大而鲜艳美丽，浮于水面，是重要的水生花卉。

园林应用：浅水区水生植物，适用于各类水面绿化。

唇形科
假龙头花属

随意草（假龙头）

Physostegia virginiana (L.) Benth.

形态特征： 多年生宿根草本。株高60—120厘米。叶对生，披针形；穗状花序聚成圆锥花序状，顶生，小花玫瑰紫色或白色。花期夏季。

生态习性： 喜温暖，耐寒性较强。喜阳光充足的环境，不耐强光暴晒，生长适温18—28℃。庇荫处植株易徒长，开花不良。宜生长于疏松、肥沃和排水良好的砂质壤土。喜湿润，不耐旱。

观赏价值： 株态挺拔，叶秀花艳，造型别致，有白、粉色、深桃红、红、玫红、雪青、紫红或斑叶变种。

园林应用： 可作花境素材，适植于花坛、草地，可成片种植，也可盆栽。

梭鱼草 雨久花科 梭鱼草属

Pontederia cordata L.

形态特征： 多年生挺水或湿生草本。叶柄绿色，圆筒形；叶片较大，深绿色，叶形多变，大部分为倒卵状披针形；穗状花序顶生，小花密集，花蓝紫色带黄斑点。花果期5—10月。

生态习性： 喜温，喜光，喜肥，喜湿，怕风不耐寒，适宜在浅水中生长。

观赏价值： 叶色翠绿，花蓝紫色，花期较长，串串紫花在翠绿叶片的映衬下十分优雅别致。

园林应用： 主要植于园林中湿地、水边、溪流和池塘，也可盆栽观赏。

鸢尾科
庭菖蒲属 **庭菖蒲**

Sisyrinchium rosulatum Bickn.

形态特征：一年生草本。叶基生或互生，狭条形，基部鞘状抱茎，顶端渐尖，无明显的中脉。花序顶生，花淡紫色。花期 5 月，果期 6 —8 月。

生态习性：喜光，喜温暖湿润的气候，耐半阴。

观赏价值：株型矮小，花色优雅。

园林应用：适植于道路两侧及驳岸边坡等处。

头花蓼　蓼科
蓼属

Polygonum capitatum Buch.−Ham. ex D. Don Prodr

形态特征：多年生草本。茎匍匐，丛生，节部生根，节间比叶片短，疏生腺毛或近无毛。叶卵形或椭圆形，顶端尖，基部楔形，两面疏生腺毛。花序头状，单生或成对，顶生，花梗极短；花被淡红色。花期6—9月，果期8—10月。

生态习性：喜阴湿生境。适应性强，较耐寒。

观赏价值：花色优美，株型紧凑。

园林应用：适植于湿地、水景边坡等处。

睡莲科
王莲属

王莲

Victoria amazonica (Poepp.) Sowerby

形态特征： 初生叶呈针状，长至2—3片时呈矛状，4—5片时呈戟形，6—7片叶时完全展开呈椭圆形至圆形，到11片叶后叶缘上翘呈盘状，叶缘直立，叶片圆形，像圆盘浮在水面，直径可达2米以上。叶面光滑，绿色略带微红，有皱褶，背面紫红色，叶柄绿色，长2—4米，叶子背面和叶柄有许多坚硬的刺，叶脉为放射网状。花很大，单生，直径25—40厘米，有4片绿褐色的萼片，呈卵状三角形，外面全部长有刺。花瓣数目很多，呈倒卵形，雄蕊多数，花丝扁平，子房下部长着密密麻麻的粗刺。王莲的花期为夏或秋季，傍晚伸出水面开放，甚芳香：第一天花瓣为白色，有白兰花香气；第二天逐渐闭合，傍晚再次开放，花瓣变为淡红色至深红色；第三天闭合并沉入水中。

生态习性： 喜在高温、高湿、阳光充足的环境下生长。

观赏价值： 以巨大的盘叶和美丽浓香的花朵而著称。

园林应用： 植于庭院水景或开阔型水域。

文殊兰
石蒜科
文殊兰属

Crinum asiaticum L. var. *sinicum* (Roxb. ex Herb.) Baker

形态特征： 多年生粗壮草本。鳞茎长柱形。叶 20—30 枚，多列，带状披针形。花茎直立，几与叶等长；伞形花序有花 10—24 朵，花高脚碟状，芳香；花被裂片线形，向顶端渐狭，白色。蒴果近球形。花期夏季。

生态习性： 喜温暖湿润的气候，喜光照充足和肥沃砂质壤土，不耐寒。

观赏价值： 花高脚碟状，芳香，雅致，花叶俱美。

园林应用： 可栽植于海滨地区或河旁沙地。

鸭跖草科
紫露草属 **无毛紫露草**

Tradescantia virginiana L.

形态特征：多年生宿根草本。株高30—35厘米，通常簇生；叶片线形或线状披针形；花深蓝色。花期4—10月。

生态习性：喜凉爽、湿润的气候，耐旱、耐寒、耐瘠薄、喜阳光。在荫蔽地易徒长而倒伏。在中性、偏碱性土壤条件下生长良好。

观赏价值：花色鲜艳，花期特长，花形奇特。

园林应用：作花境素材，多用于布置花坛，亦可在城市花园广场、公园、道路、湖边、塘边、山坡、林间成片或成条栽植。

西伯利亚鸢尾 鸢尾科 鸢尾属

Iris sibirica L.

形态特征：多年生草本。叶灰绿色，条形，顶端渐尖。花茎高于叶片，平滑。花蓝紫色：外花被裂片倒卵形，上部反折下垂；内花被裂片狭椭圆形或倒披针形，直立。花期4—5月，果期6—7月。

生态习性：既耐寒又耐热，在浅水处、湿地、林荫地、旱地均能生长良好。

观赏价值：花色优雅，株型优美。

园林应用：既可丛植于水池、假山之一隅，又可片植于湿地、林下。

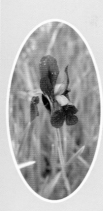

鸢尾科
鸢尾属 溪荪

Iris sanguinea Donn ex Hornem.

形态特征： 多年生草本。叶条形。花茎光滑，实心，具1—2枚茎生叶，绿色，披针形；花天蓝色。果实长卵状圆柱形。花期5—6月，果期7—9月。

生态习性： 生长于沼泽地、湿草地或向阳坡地，有较强的抗病、抗寒及耐湿能力。

观赏价值： 株型整齐，花大艳丽。

园林应用： 适植于湿地、水景、花境、花坛等处。

细叶芒 禾本科 芒属

Miscanthus sinensis 'Gracillimus'

形态特征：多年生草本。叶直立、纤细，顶端呈弓形；顶生圆锥花序，花色最初粉红色渐变为红色，秋季转为银白色。花期9—10月。

生态习性：耐半阴，耐旱，也耐涝。

观赏价值：株型适中，造型优美，潇洒飘逸，颇具观赏价值。

园林应用：可作为花境、水边、景石旁点缀用材或在郊野公园片植，效果自然，富有野趣。

唇形科
香茶菜属 **显脉纹香茶菜**

Isodon nervosus (Hemsley) Kudo

形态特征：多年生草本。茎自根茎生出，直立，不分枝或少分枝，四棱形，明显具槽，幼时被微柔毛，老时毛被脱落或变无毛；叶交互对生，披针形至狭披针形；花萼紫色，钟形。花期 7—10 月，果期 8—11 月。

生态习性：喜温暖湿润的气候；生于溪边、水沟边及路旁溪涧石滩上，生性强健。

观赏价值：株型优美，小花雅致。

园林应用：适植于湿地、水景边坡等处。

野天胡荽（香菇草） 伞形科
天胡荽属

Hydrocotyle vulgaris L.

形态特征：多年生挺水或湿生草本。植株具有蔓生性，节上常生根；茎顶端呈褐色；叶互生，具长柄，圆盾形，缘波状，草绿色；伞形花序，小花两性，白色。花期6—8月。

生态习性：喜温暖，怕寒冷，耐阴，耐湿，稍耐旱。

观赏价值：叶色翠绿，姿态优美。

园林应用：适植于水景岸线带、边坡等处。

香蒲科
香蒲属　**小香蒲**

Typha minima Funk

形态特征：多年生沼生或水生草本。根状茎姜黄色或黄褐色，先端乳白色；地上茎直立，细弱，矮小；叶通常基生，鞘状，无叶片；如叶片存在，叶鞘边缘膜质，叶耳向上伸展。雌雄花序远离，叶状苞片明显宽于叶片。花果期5—8月。

生态习性：喜光，喜温暖湿润的气候，喜水。

观赏价值：株型优美，穗果奇特。

园林应用：常用于点缀园林水池、湖畔的水景。宜作花境、水景背景素材，也可盆栽布置庭院。

龙胆科
荇菜属

Nymphoides peltata (Gmel.) Kuntze

形态特征：多年生水生草本。茎圆柱形，多分枝，节下生根；上部叶对生，下部叶互生，叶片飘浮，近革质，圆形或卵圆形；花冠金黄色，长2—3厘米，直径2.5—3厘米。花果期4—10月。

生态习性：耐寒又耐热，喜静水，适应性很强。

观赏价值：叶形似缩小的睡莲，浮于水面，黄花艳丽，繁盛如星辰。

园林应用：主要作水面绿化，亦可盆栽观赏。

百合科
萱草属 **萱草**
Hemerocallis fulva

形态特征：多年生草本。叶基生成丛，条状披针形；圆锥花序顶生，花有6—12朵，为橘黄色或橘红色，花葶长于叶，高达1米以上。花期6—8月。

生态习性：性强健，耐寒，适应性强，喜湿润也耐旱，喜阳光又耐半阴。对土壤选择性不强，但以富含腐殖质、排水良好的湿润土壤为好。

观赏价值：植株成丛，叶披针形、柔软碧绿，花大鲜艳似喇叭，观赏效果较好。

园林应用：多丛植、片植于花境、路旁等处，可作疏林地被植物。

旋复花 菊科
旋复花属

Inula japonica Thunb.

形态特征： 多年生草本。茎单生，有时2—3个簇生，头状花序径3—4厘米，多数或少数排列成疏散的伞房花序；瘦果长，圆柱形。花期6—10月，果期9—11月。

生态习性： 喜阳，喜温暖湿润的气候，耐热、耐寒、耐瘠薄、不耐旱。

观赏价值： 花黄色，鲜艳美丽。

园林应用： 可栽植于湿地、水景驳岸等处。

石蒜科 雪片莲属 | 雪片莲

Leucojum aestivum L.

形态特征： 多年生草本。具球根。基生叶数枚，绿色，宽线形，先端钝。花茎与基生叶同时抽出。伞形花序，下有佛焰苞状总苞片；花梗长短不一，花下垂，花被片白色，顶端有绿点。花期在春季。

生态习性： 喜光，耐半阴，喜湿润的环境。

观赏价值： 花色素雅，玲珑可爱。

园林应用： 适植于花境、花坛、岩石园，也可作林下地被。

血水草　罂粟科
血水草属

Eomecon chionantha Hance

形态特征： 多年生无毛草本，具红黄色汁液。根橙黄色，根茎匍匐；叶全部基生，叶片心形或心状肾形，稀心状箭形，先端渐尖或急尖，基部耳垂，边缘呈波状，表面绿色，背面灰绿色；花葶灰绿色略带紫红色，有3—5花，排列成聚伞状伞房花序。花期3—6月，果期6—10月。

生态习性： 喜较冷凉阴湿的环境。

观赏价值： 叶形奇特，花色优美。

园林应用： 可植于庭院水景及林荫、溪流岸边等处。

伞形科
鸭儿芹属 **鸭儿芹**

Cryptotaenia japonica Hassk.

形态特征：多年生草本。主根短，侧根多数，细长；茎直立，光滑，有分枝，表面有时略带淡紫色；叶片轮廓三角形至阔卵形；小伞形花序有花 2—4 朵，花瓣白色。花期 4—5月，果期 6—10 月。

生态习性：喜阴湿环境，适生于有机质丰富、结构疏松的微酸性砂质壤土。

观赏价值：叶形状奇特，青翠碧绿。

园林应用：可用于布置花境、岩石园等，也可片植于林下或驳岸边坡，是难得的耐阴地被植物。

鸭舌草　雨久花科　雨久花属

Monochoria vaginalis (Burm.f.) Presl

形态特征： 水生草本。茎直立或斜上，全株光滑无毛。叶基生和茎生；叶片形状和大小变化较大，呈心状宽卵形、长卵形至披针形。总状花序从叶柄中部抽出，该处叶柄扩大成鞘状；花序梗短。蒴果卵形至长圆形。花期8—9月，果期9—10月。

生态习性： 喜阳光，喜温暖湿润的气候。

观赏价值： 叶形优雅，花美丽。

园林应用： 常植于湿地，可用于营造室外水景及室内水景。

鸭跖草科
鸭跖草属　**鸭跖草**

Commelina communis L.

形态特征：一年生披散草本。叶形为披针形至卵状披针形，叶序为互生，茎为匍匐茎。花朵为聚伞花序，顶生或腋生，雌雄同株；花瓣上面两瓣为蓝色，下面一瓣为白色；花苞呈佛焰苞状，绿色，雄蕊有6枚。

生态习性：喜温暖湿润的气候，喜弱光，忌阳光暴晒。

观赏价值：叶碧绿，花奇特。

园林应用：适植于湿地、水景边坡等处。

羊蹄 蓼科
酸模属

Rumex japonicus Houtt.

形态特征：多年生草本。茎直立，高可达 100 厘米。基生叶长圆形或披针状长圆形，顶端急尖，基部圆形或心形，边缘微波状。花序圆锥状，花两性，多花轮生；花梗细长，花被片淡绿色，网脉明显。瘦果宽卵形，两端尖。5—6 月开花，6—7 月结果。

生态习性：喜光，稍耐阴、耐水湿。

观赏价值：叶碧绿，花果独特。

园林应用：多栽植于湿地、河流边坡等处。

天南星科
芋属 **野芋**

Colocasia antiquorum Schott

形态特征：多年生湿生草本。地下茎球形，有多数不定根（须根）；匍匐茎常从块茎基部伸出，长短不一，后生具小球茎。叶柄肥厚，直立，长可达 1.2 米；叶片薄革质，表面黄绿色，盾状卵形，基部心形。花序柄比叶柄短；佛焰苞黄色；肉穗花序短于佛焰苞。

生长习性：生于浅水处或潮湿地中。

观赏价值：株型优美，叶色美观。

园林应用：可作湿地、水景绿化的用材。

野菱 菱科
菱属

Trapa incisa Sieb. et Zucc.

形态特征：一年生浮水水生草本。根二型：着泥根细铁丝状，着生于水底泥中；同化根，羽状细裂，裂片丝状、淡绿褐色或深绿褐色。叶二型：浮水叶互生，聚生在主茎和分枝茎顶，在水面形成莲座状菱盘；叶片较小，斜方形或三角状菱形。花期5—10月，果期7—11月。

生态习性：喜阳光，抗寒，耐水湿，耐干旱。

观赏价值：叶形奇特，株型优美。

园林应用：多栽植于湿地、水景、湖泊、池塘等处。

形态特征：多年生草本。茎单生，直立，四棱形，具浅槽，中空，几无毛；茎下部的叶卵圆形或心脏形，叶柄长；轮伞花序，着生于茎端。花萼钟形。花期4—6月，果期7—8月。
生态习性：喜温暖湿润的气候，耐阴。
观赏价值：春夏季观花，花黄白色，素雅秀丽。
园林应用：多植于林下、林缘及花境等处。

薏苡 禾本科 薏苡属

Coix lacryma-jobi L.

形态特征： 一年生粗壮草本。秆直立丛生，节多分枝。叶鞘短于其节间，无毛；叶舌干膜质；叶片扁平宽大，开展，基部圆形或近心形。总状花序腋生成束，直立或下垂，具长梗。花果期6—12月。

生态习性： 湿生性植物，适应性强，喜温暖气候，忌高温闷热，不耐寒，忌干旱，对土壤要求不严。

观赏价值： 株型优美，果实独特。

园林应用： 可用于点缀湿地、水景等处的景观。

三白草科
蕺菜属 **鱼腥草**

Houttuynia cordata Thunb.

形态特征： 多年生草本。叶片心形，托叶下部与叶柄合生成鞘状；穗状花序在顶与叶互生；花小，两性，总苞片白色；蒴果卵圆形。花果期5—10月。

生态习性： 喜阴湿，怕强光，喜温暖潮湿的环境，较耐寒，在 −15℃亦可越冬，忌干旱，在肥沃的砂质壤土或腐殖质壤土上生长最好。

观赏价值： 植株叶茂花繁，生性强健，是较好的耐阴地被植物。

园林应用： 地面覆盖性好，群体效果极佳。可点缀池塘边、庭院假山阴湿处，也可带状丛植于溪沟旁或群植于潮湿的疏林下。

雨久花 雨久花科
雨久花属

Monochoria korsakowii Regel et Maack

形态特征：直立水生草本。茎直立，全株光滑无毛，基部有时带紫红色。叶基生和茎生，基生叶宽卵状心形，全缘，具多数弧状脉；叶柄有时膨大成囊状；茎生叶叶柄渐短，基部增大成鞘，抱茎。总状花序顶生，有时再聚成圆锥花序，花蓝色。花期7—8月，果期9—10月。

生态习性：喜光照充足，稍耐荫蔽。

观赏价值：花大而美丽，淡蓝色，像飞舞的蓝鸟；叶色翠绿、光亮、素雅。

园林应用：可在湿地、水景等处成片种植或栽植于岸边。

禾本科 藨草属 **玉带草**

Phalaris arundinacea var. picta

形态特征： 多年生草本。叶片扁平，绿色，有白色条纹间于其中，柔软而似丝带；圆锥花序紧密狭窄，长8—15厘米，分枝直向上举，密生小穗。花果期6—8月。

生态习性： 耐寒、耐旱、耐热、耐半阴，适应性强，不择土壤。

观赏价值： 观叶植物，叶轻柔飘逸，白绿相间，是优良的彩叶地被植物。

园林应用： 片植于林缘、布置花境或作湿地植物。

元宝草 藤黄科
金丝桃属

Hypericum sampsonii Hance

形态特征: 多年生草本。高 20—80 厘米,全体无毛;茎单一或少数;叶对生,无柄,其基部完全合生为一体而茎贯穿其中心;花序顶生,多花,伞房状,花黄色。花期 5—6 月。

生态习性: 生于山坡草丛中或旷野路旁阴湿处。

观赏价值: 叶片贯穿主茎,奇特,花色金黄可爱。

园林应用: 可作花境用材,可植于药草园、岩石园等处,宜丛植和片植。

千屈菜科
节节草属
圆叶节节草

Rotala rotundifolia (Buch.-Ham. ex Roxb.) Koehne

形态特征：一年生草本。各部无毛；根茎细长，匍匐地上；茎单一或稍分枝，直立，丛生，带紫红色；叶对生，无柄或具短柄，近圆形、阔倒卵形或阔椭圆形，顶端圆形；蒴果椭圆形。花果期12月至次年6月。

生态习性：喜温暖潮湿的气候，对土壤要求不严。

观赏价值：叶形独特，株型优美，花雅致。

园林应用：可植于湿地、水景等处。

再力花 竹芋科 水竹芋属

Thalia dealbata Fraser

形态特征： 多年生挺水草本。叶卵状披针形，浅灰蓝色；复总状花序，紫堇色；全株附有白粉。花期6—8月，果期9—10月。

生态习性： 喜温，喜光，喜水湿。不耐寒冷和干旱，耐半阴。

观赏价值： 植株丛生，株型美观，花序大型弯垂，随风拂动，野趣横生。

园林应用： 成片种植于水池、溪流或湿地，亦可植于庭院水体景观中。

泽泻科
泽泻属 **泽泻**

Alisma plantago-aquatica L.

形态特征： 多年生水生或沼生草本。块茎直径1—3.5厘米，或更大；叶通常多数。花葶高78—100厘米，或更高；花两性；瘦果椭圆形或近矩圆形；种子紫褐色，具凸起。花果期5—10月。

生态习性： 喜温暖湿润的气候和阳光充足的环境，喜水、喜湿。

观赏价值： 花较大，花期较长。

园林应用： 宜栽植于湖泊、河湾、溪流、水塘的浅水带，也宜植于沼泽、沟渠及低洼湿地等处。

泽珍珠菜 报春花科 珍珠菜属

Lysimachia candida Lindl.

形态特征: 一年生或二年生草本。茎单生或数条簇生,直立,单一或有分枝。基生叶匙形或倒披针形,茎叶互生,很少对生,叶片倒卵形、倒披针形或线形。总状花序顶生,初时因花密集而呈阔圆锥形;花冠白色。蒴果球形。花期5—6月。

生态习性: 喜阳,喜潮湿的环境。

观赏价值: 花序醒目,优雅美观。

园林应用: 适植于林缘、溪边草丛中,也可布置在花境处。

泽泻科
泽泻属 **窄叶泽泻**

Alisma canaliculatum A. Braun et Bouché

形态特征：多年生水生或沼生草本。块茎直径约1—3厘米。沉水叶条形，叶柄状；挺水叶披针形，稍呈镰状弯曲。花葶直立，花序长。瘦果倒卵形或近三角形。花果期5—10月。

生态习性：喜日光直射之处，喜温暖，怕寒冷。

观赏价值：叶雅致，花美丽。

园林应用：适植于公园、庭院水景及湿地等处。

龙胆科
獐牙菜属

Swertia bimaculata (Sieb. et Zucc.) Hook. f. et Thoms. ex C. B. Clark

形态特征：一年生草本。茎直立，圆形，中空。叶片椭圆形至卵状披针形，叶脉弧形。大型圆锥状复聚伞花序疏松，开展，多花；花梗较粗，花萼绿色，裂片狭倒披针形或狭椭圆形。6—11 月开花结果。

生态习性：喜潮湿环境。

观赏价值：花优雅独特。

园林应用：可植于湿地、林下、草地、灌丛及沼泽地。

莎草科
莎草属　**纸莎草**

Cyperus papyrus L.

形态特征：具粗壮的根状茎，茎秆簇生，粗壮，直立，钝三棱形。叶退化呈鞘状，茎秆顶端着生总苞片，呈伞状簇生；总苞片叶状，披针形；顶生花序伞梗极多，细长下垂。瘦果灰褐色，椭圆形，花期6—7月。

生态习性：喜温暖、阳光充足的环境，耐贫瘠；喜光，稍耐阴，耐水湿。

观赏价值：叶形奇特，株型优美。

园林应用：可以丛植、片植，常用于路边、桥头、亭角、廊边、榭旁等种植。

湿地应用型植物概述 ▌ 201

中华水韭

水韭科
水韭属

Isoetes sinensis Palmer

形态特征：多年生沼生植物，植株高 15—30 厘米。根茎肉质，块状；向上丛生多数向轴覆瓦状排列的叶，叶多汁，草质，鲜绿色，线形。

生态习性：喜温暖湿润的气候。

观赏价值：株型优美。

园林应用：常植于庭院水景及湿地等处。

禾本科
狗尾草属 | **皱叶狗尾草**

Setaria plicata (Lam.) T. Cooke

形态特征：多年生草本。高45—130厘米，直立或基部倾斜；叶片质薄，椭圆状披针形或线状披针形，长4—43厘米，宽0.5—3厘米。花果期6—10月。

生态习性：生于山坡林下、沟谷地阴湿处或路边杂草地上。

观赏价值：叶片宽大，株丛丰满，姿态潇洒优美。

园林应用：丛植于景石旁、片植于坡地或植于花境和花坛中，均有较好的景观效果。

紫萼 百合科
玉簪属

Hosta ventricosa (Salisb.) Steam

形态特征：多年生草本。根状茎粗。叶卵状心形、卵形至卵圆形。花葶高可达 100 厘米，花单生，盛开时从花被管向上骤然作近漏斗状扩大，紫红色；雄蕊伸出花被之外，完全离生。蒴果圆柱状。花果期 6—9 月。

生态习性：喜温暖湿润的气候，耐阴，抗寒性强。

观赏价值：叶青翠碧绿，花形似喇叭，可观叶、观花。是优良的宿根观赏地被植物。

园林应用：主要用于林缘及疏林下，成丛或成片种植。

百合科
紫娇花属

紫娇花

Tulbaghia violacea Harv.

形态特征： 多年生球根花卉。叶多为半圆柱形，中央稍空。花茎直立，高30—60厘米；伞形花序球形，具多数花，直径2—5厘米，花被粉红色。花期5—7月。

生态习性： 喜光，喜高温，耐热。对土壤要求不严，耐贫瘠。在肥沃而排水良好的砂质壤土上开花旺盛。

观赏价值： 叶丛翠绿，花朵俏丽，花期长，是夏季难得的花卉，观赏价值很高。

园林应用： 适宜作花境中景，或作地被植于林缘或草坪中。园林中通常成片种植。

紫堇 罂粟科 紫堇属

Corydalis edulis Maxim.

形态特征：一年生草本。茎分枝，叶片近三角形，上面绿色，下面苍白色，羽状全裂；裂片狭卵圆形，顶端钝；茎生叶与基生叶同形。总状花序，花粉红色至紫红色，平展。花期3—4月，果期4—5月。

生态习性：喜温暖湿润的气候，宜在水源充足、肥沃的砂质壤土中种植，怕干旱。

观赏价值：株型优美，花雅致。

园林应用：多植于湿地、林缘、林下。

车前科
车前属 **紫叶车前**

Plantago major 'Purpurea'

形态特征： 多年生宿根草本。根茎短缩肥厚，密生须状根。无茎，叶全部基生，叶片紫色，薄纸质，卵形至阔卵形，边缘波状，叶基向下延伸到叶柄。春、夏、秋三季从株身中央抽生穗状花序；花小，花冠白色。

生态习性： 喜向阳、湿润的环境，耐寒，耐旱，耐湿。

观赏价值： 为彩叶地被植物。

园林应用： 适植于花境、花坛，也可作地被植物。

紫叶鸭儿芹 伞形科
鸭儿芹属

Cryptotaenia japonica '*Atropurpurea*'

形态特征：多年生草本。茎高 30—70 厘米，呈叉式分枝；叶片阔卵形，长 5—18 厘米，三出；整个花序呈圆锥形；果棱细线状圆钝。花期 4—5 月。

生态习性：适生于土壤肥沃、有机质丰富、结构疏松、通气良好、阴湿、微酸性的砂质壤土。

观赏价值：叶片紫色，色泽鲜艳，观赏期长。

园林应用：可植于花境中，亦可在疏林下、草地边缘作为地被植物来进行栽植。

天南星科
芋属 **紫芋**

Colocasia esculenta 'Tonoimo'

形态特征： 多年生湿生草本。具块茎。叶由块茎顶部抽出；叶柄圆柱形，向上渐细，紫褐色；叶片盾状，卵状箭形，深绿色，基部具弯缺，侧脉粗壮，边缘波状。花黄色，顶部带紫色。花期 7—9 月。

生态习性： 喜高温，耐阴，耐湿，基部浸水也能生长。

观赏价值： 植株挺拔，叶片巨大，茎秆紫色，优美大气。

园林应用： 可成片种植于浅水区或岸边湿地，构成田园风光和野趣景观。

参考文献

1. 任全进 . 溧水适生植物图集［M］. 南京：江苏凤凰科学技术出版社，2019.6.
2. 任全进 . 连云港园林适生植物图鉴［M］. 南京：江苏凤凰科学技术出版社，2016.11.
3. 任全进 . 新特优园林观赏植物的应用［M］. 南京：东南大学出版社，2022.10.